U0260437

青鸟

中国珍稀濒危
两栖爬行动物
手绘观察笔记

A HAND-PAINTED NOTES OF
ENDANGERED AMPHIBIANS AND
REPTILES OF CHINA

亲爱的读者朋友，形态各异的两栖爬行动物是地球生态系统中不可或缺的组成部分，与我们人类共享这颗生机勃勃的蓝色星球，我们衷心希望这本书可以带给你更多关于它们的有趣知识。但如果你还是难以克服恐惧心理，无法直面这些冷艳精灵，我们也为你准备了全书内容的朗读版，扫描二维码即可获取哦！

水陆精灵

齐硕　史静耸　著

丁弋　绘

江苏凤凰科学技术出版社 · 南京

图书在版编目（CIP）数据

水陆精灵：中国珍稀濒危两栖爬行动物手绘观察笔记 / 齐硕，史静耸著；丁戈绘. --
南京：江苏凤凰科学技术出版社，2021.7（2021.12重印）
（手绘自然书系）
ISBN 978-7-5713-2017-1

Ⅰ. ①水… Ⅱ. ①齐… ②史… ③丁… Ⅲ. ①濒危动物－两栖动物－中国－普及读物
②濒危动物－爬行纲－中国－普及读物 Ⅳ. ①Q959.508-49②Q959.608-49

中国版本图书馆CIP数据核字（2021）第119413号

水陆精灵 中国珍稀濒危两栖爬行动物手绘观察笔记

著　　者　齐　硕　史静耸
绘　　者　丁　弋
责任编辑　黄　山　赵　研
项目策划　姚　远
责任校对　仲　敏
责任监制　刘　钧
出版发行　江苏凤凰科学技术出版社
出版社地址　南京市湖南路1号A楼，邮编：210009
出版社网址　http://www.pspress.cn
印　　刷　南京新世纪联盟印务有限公司
开　　本　787mm×1092mm　1/16
印　　张　10
插　　页　4
版　　次　2021年7月第1版
印　　次　2021年11月第2次印刷
标准书号　ISBN 978-7-5713-2017-1
定　　价　158.00元

写在前面的话

中国是野生动植物物种多样性最丰富的国家之一，目前已记录现生本土两栖动物550余种、爬行动物540余种。本书选取我国所产32种两栖爬行动物作为对象，对它们的样貌、习性和有趣的故事予以介绍。它们或是珍稀濒危物种，或是中国特有物种，又或是生活在我们身边的常见物种，相同的是，这些物种都正在遭受不同程度的生存威胁。另外，在物种选取上还兼顾了分类学的系统性，以便向读者展示更为丰富多样的两栖爬行动物类群。

物种濒危等级信息参考世界自然保护联盟（IUCN）濒危物种红色名录（Version 2021-1）。本书涉及的IUCN等级包含以下几个：灭绝（Extinct, EX）、极危（Critically Endangered, CR）、濒危（Endangered, EN）、易危（Vulnerable, VU）、近危（Near Threatened, NT）、无危（Least Concern, LC）、数据缺乏（Data Deficient, DD）、未予评估（Not Evaluated, NE）。

感谢李成、吕植桐、缪靖翎（美丽科学）、王健、谢伟亮、周佳俊为本书提供精美的野外生态图作为手绘参考，感谢丁利、蒋珂、侯勉、吴耘珂、王英永提供宝贵建议。本书中部分青海、西藏和云南物种野外观察、拍摄工作得到“第二次青藏高原综合科学考察研究”资助（专题编号：2019QZKK0705）。

鉴于作者资历尚浅，水平有限，书中言语表达恐有疏漏之处，恳请广大读者批评指正。

序一

科学与艺术好似一对孪生姐妹，彼此相互独立却又密不可分。14世纪兴起的西方文艺复兴运动极大地推动了两者的发展，造就了大批的科学家和艺术家。在这种社会氛围的影响下，熟练使用画笔也成为科学家的必修技能，学术论著与手工绘图相辅相成，以更简单明了的方式向世人传达科学思想、解释科学问题。

15世纪，地理大发现时代开启，欧洲探险家向着世界各大洋扬帆起航，在开通贸易航线的同时收集各地动植物标本。在当时，来自异国的珍禽异兽对于西方上流社会颇具吸引力，但浸泡或剥制后的标本难以反映其生活中的颜色与体态，因而科学绘图再次迎来了一次大发展。

在两栖爬行动物学的发展历史中，亦不乏拥有高超画技的科学家，他们用精细的科学绘图描绘物种姿态以及细节特征。影响较为深远的有法国动物学家安德烈·杜梅里（A. M. C. Duméril）和奥地利动物学家利奥波德·费卿格（L. Fitzinger）。这两位先驱为近代两栖爬行动物学的发展做出了卓越贡献，同时他们也兼具深厚的绘画功底，在条件十分有限的情况下，根据标本绘制了上百幅精美绝伦的科学绘图及生态图，这些科学绘图堪称自然科学与艺术相结合的完美之作。

时至今日，精湛的科学绘图依然能为科学论著增光添彩。但不能否认的是，手工绘图远不及摄影图像来得便捷、高效。在数码科技飞速发展的今天，获得清晰的影像资料已是唾手可得的事，人们再不必费尽心力地用笔触记录观察所得，只需轻按快门即可凝固时光。在技术飞速革新的时代背景下，科学绘图逐渐失去了昔日的荣光，科学绘画师也成了“濒危物种”。但纵使照片来得更简单、高效，科学绘图依然有它自身独有的优势，譬如更能突出特征、规避瑕疵等，其艺术价值更是照片所不能比拟的。

欣闻江苏凤凰科学技术出版社即将出版这本《水陆精灵　中国珍稀濒危两栖爬行动物手绘观察笔记》，并由我的两位学生执笔了文字部分，将他们近年来的野外工作以此种形式分享给读者。更令我欣喜的是看到该书手绘作者如此精湛的技艺，令形态各异的两栖爬行动物跃然纸上，故而欣然为之作序。

沈阳师范大学两栖爬行动物研究所教授　李丕鹏

序二

中国人之于两栖爬行动物的因缘，久已有之。一方面，从人首蛇身的伏羲与女娲，到《山海经》中的诸多神兽异闻，再到《西游记》里的各路神仙的坐骑，神话传说中处处可见它们的身影。对于我们的祖先来说，这些生活于山野林水中的蛙、蛇、蜥、鳄，各自具有神秘的魅力，甚至可与神明比肩而成为其化身或象征。另一方面，我国也确实拥有十分丰富的两栖爬行类动物资源，且因为它们独特的形态、习性、演化，对于生物进化与物种多样性来说是不可或缺的角色之一。

正是这样一群在文化发展与科学研究中都存在特殊意义的自然之灵，如今的生存境地却因人类活动而变得岌岌可危，甚至有许多物种面临行将覆灭的命运。若不及时引起重视并采取行动，则很可能在不久的将来，这些鲜活的生命就真的只能回归一个个古老的传说，叫后来者唯能在书页间觅得一鳞半爪，甚至根本不知道它们曾经存在过。

现在的人们对许多大型动物或哺乳动物，譬如猫科动物、灵长动物，都抱有社会化的情感，与之相关的保护措施与观点讨论也一直在主流媒体中频繁出现。相比之下，两栖爬行动物则因其生物特殊性而显得较为边缘化，非但不算是适合亲密接触的对象，还很容易伴随着一些排斥或误解。正因如此，向大众普及相关知识、建立保护观念，就成为一项既势在必行又迫在眉睫的任务。

本书的两位文字作者，都是既在专业领域颇有建树，又在网络平台广受好评的“90后”学者。正是他们多年来艰苦跋涉、翻山越岭所获得的第一手野外资料，对前沿研究成果的孜孜探索，以及投入于两栖爬行动物研究与生态保护领域的一腔热情，造就了这本珍贵的《水陆精灵 中国珍稀濒危两栖爬行动物手绘观察笔记》。深入浅出的文字与精美直观的手绘，不仅是对广大读者的一次优秀科普，更是一种可敬的言传身教：对科学思维的贯彻，对自身所热爱事业的全情投入，对不同生物之间的一视同仁，对大自然所抱有的向往与感恩。

衷心希望此书能作为一个契机，唤起更多人，尤其是年轻人对两栖爬行动物的正确认识，对生态环境保护的重视；也相信这样的新生力量必会越来越多，为生活在同一片蓝天下的生灵们共同铸造一个美好的未来。

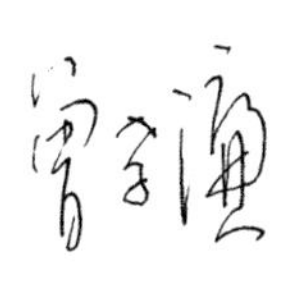

中国科学院昆明植物研究所教授级高级工程师 曾孝濂

目录

两栖动物

爬行动物

版纳鱼螈（*Ichthyophis bannanicus*）

辽宁爪鲵（*Onychodactylus zhaoermii*）

中国大鲵（*Andrias davidianus*）

大凉疣螈（*Tylototriton taliangensis*）

高山棘螈（*Echinotriton maxiquadratus*）

滇螈（*Cynops wolterstorffi*）

红点齿蟾（*Oreolalax rhodostigmatus*）

峨眉髭蟾（*Leptobrachium boringii*）

南澳岛角蟾（*Panophrys insularis*）

西藏舌突蛙（*Liurana xizangensis*）

脆皮大头蛙（*Limnonectes fragilis*）

东北林蛙（*Rana dybowskii*）

仙琴蛙（*Nidirana daunchina*）

务川臭蛙（*Odorrana wuchuanensis*）

背崩棱皮树蛙（*Theloderma baibungense*）

黑蹼树蛙（*Rhacophorus kio*）

两栖动物

A Hand-painted Notes of
Endangered Amphibians and
Reptiles of China

两栖动物

A HAND-PAINTED NOTES OF
ENDANGERED AMPHIBIANS AND
REPTILES OF CHINA

纲 两栖纲

目 蚓螈目

科 鱼螈科

属 鱼螈属

版纳鱼螈

LC

Ichthyophis bannanicus

1922年，旅居中国多年的德国学者鲁道夫·梅尔（Rudolf Mell）将其在华积累多年的一手野外资料编纂成文，让世人得以领略中国华南地区丰富的动物物种多样性。这篇文章提到广东罗浮山有鱼螈分布，虽然仅有寥寥数笔，但却是为中国两栖类新添了一个目级记录的大发现。不过该记录记载不甚详尽且没有留下标本佐证，因此对于中国是否有鱼螈分布一直是件悬而未定的事。直到半个多世纪后的1974年，我国学者再次捕获一条鱼螈，终于证实其在中国确有分布，但这一次，它现身的地点是距罗浮山千里之遥的云南西双版纳。通过后续更细致的特征比对，科学家发现我国分布的鱼螈是一个还没有被科学描述的新物种，并于1984年正式将其命名为版纳鱼螈（*Ichthyophis bannanicus*）。

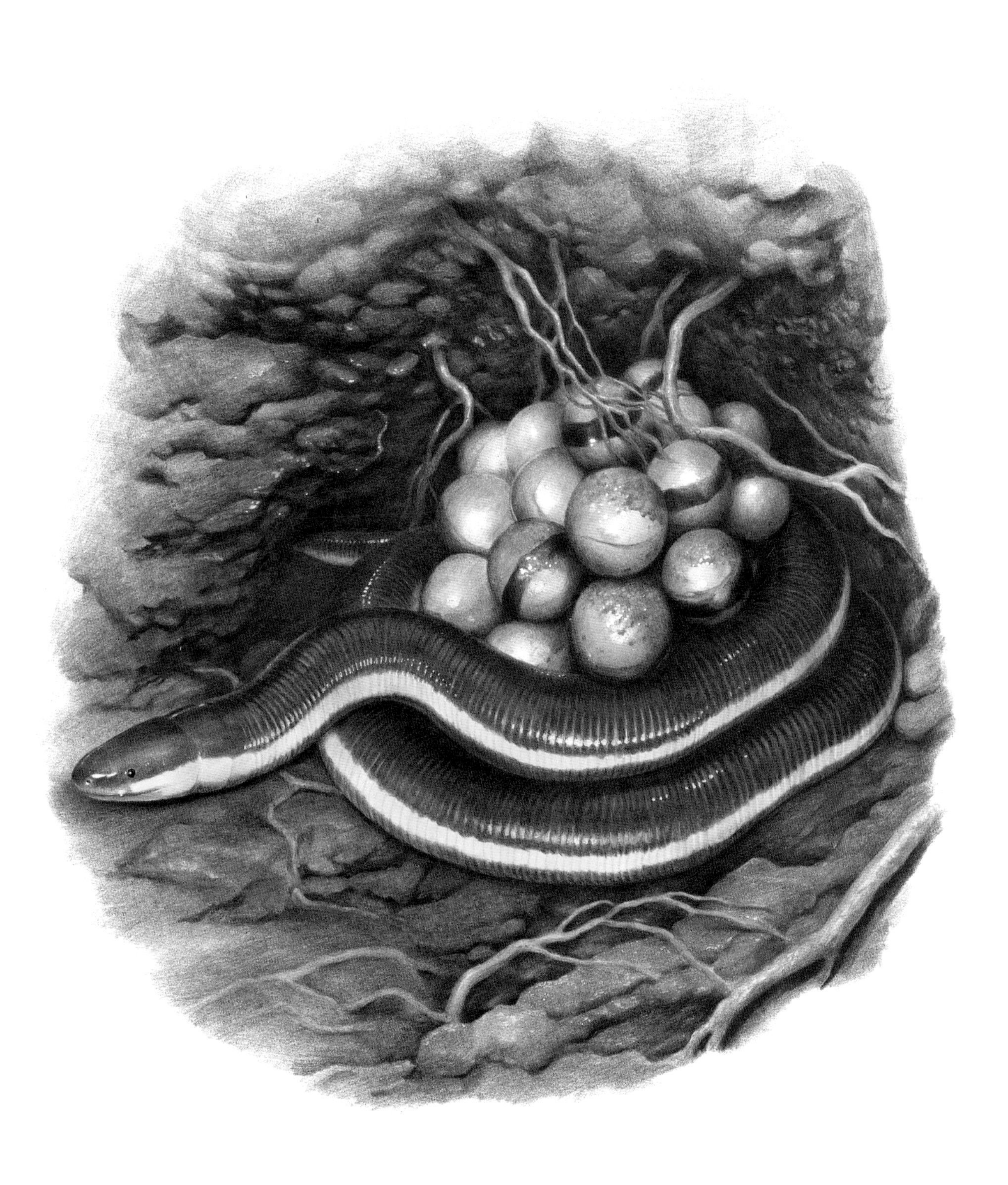

虽然版纳鱼螈被科学命名至今还不足40年，但在终日生活在大山里的老百姓口中，这种似蛇、似蚯蚓又似黄鳝的奇怪动物很早便有了“土名”，人称“芋苗蛇”或“两头蛇”。民间传言“芋苗蛇”毒性剧烈，无论是被它咬伤还是将其食用都可能造成生命危险，然而事实上，它既没有毒液也不属于蛇类，而是同蛙类、蝾螈类一样属于两栖动物。

目前世界上已知的现生两栖动物超过8000种，其下分隶三个目，即以蛙、蟾蜍为代表的无尾目（Anura），以蝾螈、大鲵为代表的有尾目（Caudata），以鱼螈为代表的蚓螈目（Gymnophiona）。蚓螈目又被称为无足目，是三大类两栖动物中物种数量最少的一个类群，目前仅知200余种，见于非洲，亚洲及中、南美洲。它们的身形呈圆筒状，不具四肢，体表光滑又富有黏液，躯干部分具上百道细密的环褶，活脱脱一副超大号蚯蚓的模样。

版纳鱼螈的触突位于它的眼鼻之间，内含丰富的神经细胞，用于感知外界

版纳鱼螈是我国所产唯一一种蚓螈目动物，全长30~40厘米。背面颜色一般呈褐色或紫褐色，腹面颜色较背面稍浅，身体两侧各有一道明黄色纵带纹自口角一直延伸至尾末。它的分布范围西起云南西双版纳，东至广东博罗，北到广西梧州，南抵越南北部地区。多栖息于海拔较低、植物茂密的潮湿环境，常于溪流、池塘、水田附近伴水而栖，在合适的环境条件下并不十分罕见。之所以此前很长一段时间内未被学界所发现，应该与其隐秘的生活习性密切相关。

与其他大多数两栖动物一样，成年版纳鱼螈保持着昼伏夜出的活动规律，白天躲藏于洞穴内，夜间则穿行于泥土或落叶层间觅食蚯蚓，除大雨浸漫洞穴外，极少到地面活动。因长期在泥土中掘洞生活，版纳鱼螈视力不佳。那么它们是凭借什么感知外界，寻找食物的呢？答案在于吻端的一对短小的触突，触突内有丰富的神经与大脑相连，泥土间再小的震动也逃不过它的感知。

每年4~5月是版纳鱼螈的繁殖期，在“生儿育女”这件事上，版纳鱼螈再一次展现出与众不同的习性。大多数两栖动物的受精方式为体外受精，即雌雄双方同时将卵细胞和精子排出体外。而版纳鱼螈则不然，雄螈的肛部可外翻成为交接器，以体内受精的方式与雌螈完成受精过程。完成交配后，雌螈会到溪边有遮蔽物处寻找适宜的产卵场所，用头在软泥上掘出一片浅凹地，在其中产下30~60枚卵。卵外围裹有一层透明的卵胶囊，卵胶囊的一端延伸出细丝，诸多卵粒以此相连。版纳鱼螈具有在两栖类中极少见的护卵行为，雌螈会不吃不喝地盘绕于卵粒之上数周之久，直至受精卵发育成幼螈，才会拖着疲惫的身躯离去。

幼年鱼螈从卵中孵化之日起便告别了母亲的守护，独自前往水中开始应对种种生存挑战。此时的它们仅有6~8厘米长，以鳃作为呼吸器官，体后端的背、腹面有不发达的鳍褶，不仔细观瞧没准会误以为是泥鳅、黄鳝之类。巧的是，它们具有和泥鳅等鱼类相同的感觉器官——侧线。侧线是一种水生生物所特有的压力感受器，主要分布于幼年鱼螈的头部及体侧，呈一条不连续的虚线，其内部是一条充满黏液的小管，当有物体接近导致水压发生变化时，水会通过侧线管上的小孔进入管内，引起一系列压力变化，最终转化为电信号传导至大脑并形成感觉。随着幼螈逐渐长大，它们的身体开始出现一系列变化，与水生生活密切联系的鳃孔、鳍褶以及侧线逐渐消失，最终变态为以水陆两栖生活为主的成体阶段。

正如前文所提到的，版纳鱼螈通常被人误认为是不可食用、不可接触的剧毒动物，故而没有遭受大规模人为捕杀，令它们逐渐致危的原因还是老生常谈的栖息地丧失及环境污染问题。当我们的生活越来越富足、越来越便利的同时，是不是也该顾及一下这些与人共存已久但还不甚熟络的老邻居呢。

@齐硕

LC

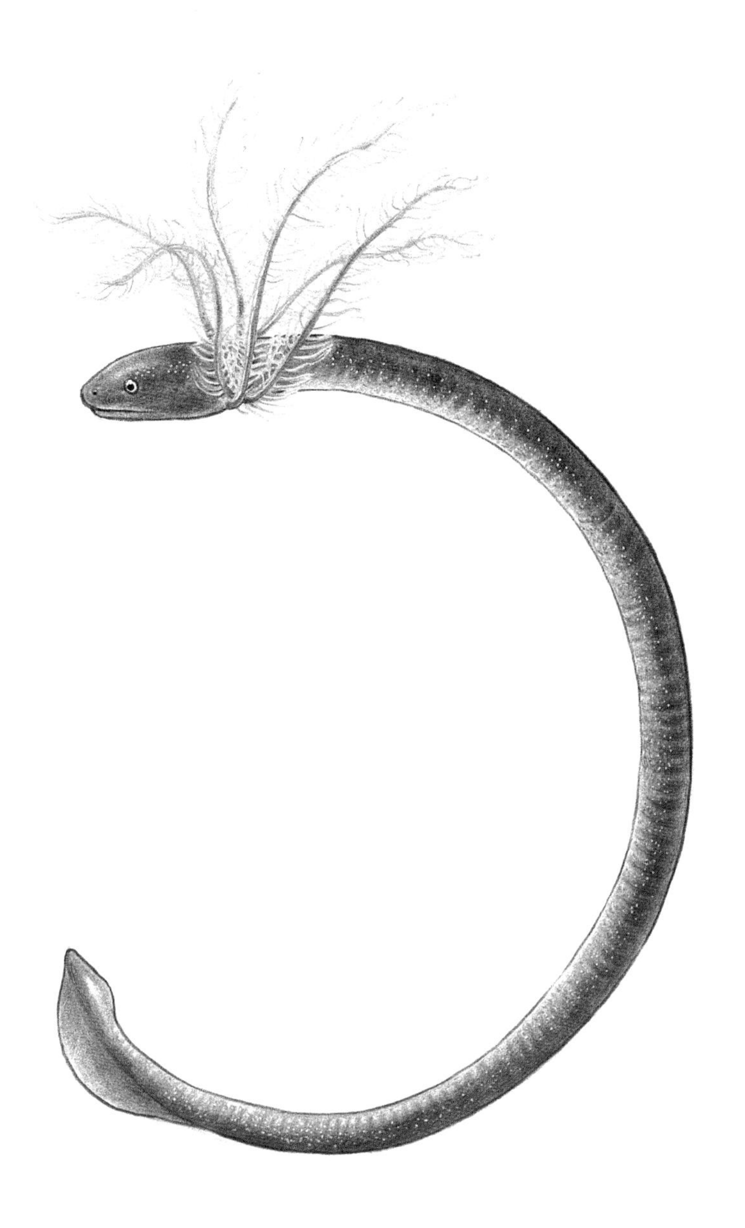

版纳鱼螈的幼体具有极为发达的羽状外鳃，当发育到一定阶段后，羽状外鳃会因供血不足而脱落

纲 两栖纲
目 有尾目
科 小鲵科
属 爪鲵属

辽宁爪鲵

Onychodactylus zhaoermii

几年前，当我第一次踏入东北的山野，俯身触摸黑土地上滋养出的生灵，不曾想会与这样一种有尾两栖类结下不解之缘。

2015年9月，刚刚研究生入学的我被派去参加一项野生动物专项调查，调查的目标物种是种群已陷入极度濒危的辽宁爪鲵。在当地人口中，爪鲵被称作“咕噜鱼”，而且只有老一辈常上山的村民才对其有所了解，年轻一代多不曾见闻此物。关于辽宁所产的爪鲵，最早的科学记录可追溯至20世纪60年代，当时执教于辽宁大学的季达明教授于辽宁岫岩采获到一尾幼体，而此前爪鲵在我国仅吉林长白山麓有见报道。但可惜的是，后来由于野外调查数据遗失，爪鲵在辽宁的具体分布位点在过去很长一段时间里并不明确，直至2003年才在我的一位师兄的不懈探寻下被再次发现。

在原先的认知里，吉林、辽宁所分布的爪鲵均被认定为最早发现于俄罗斯远东地区的爪鲵（*Onychodactylus fischeri*）。而在2014年的一项研究中显示，原先所认定的爪鲵其实是由多个已经具有明显遗传分化的隐存种所组成，各个山脉、水系内的不同种群因被独立分隔已久而各自演化为不同的谱系，其中吉林与辽宁的种群分属两个还未被科学描述的新种，遂被分别命名为吉林爪鲵（*O. zhangyapingi*）和辽宁爪鲵（*O. zhaoermii*），种名分别赠予对我国两栖爬行动物学有着杰出贡献的张亚平院士和赵尔宓院士。有意思的是，我国所产的两种爪鲵在亲缘关系上并不是最近的，吉林爪鲵与分布于日本的种类更为近似，而辽宁爪鲵则更接近朝鲜半岛的种类。

初见辽宁爪鲵已是日落时分，借着夕阳最后一抹余晖，我们一行人来到了辽宁爪鲵的模式产地。这里远看好似一片遮蔽于树荫之下的乱石坡，走近看脚下还有潺潺流水经过，水的来源是一处隐蔽的出水口，其四周被丰厚的苔藓及腐殖落叶所覆盖，水中跃动的钩虾是爪鲵最喜爱的食物。我俯下身子随手翻开水边的一块石头，一尾成年爪鲵即现身在我面前，它与我曾经所见身形短粗、体色灰暗的其他有尾类完全不同，体型修长纤细的爪鲵显得十分优雅，眼睛大而突出，体色呈黄绿色，体背及四肢散布较均匀的褐色斑，在手电的照射下显得十分鲜艳耀眼。最不同的在于它们的指、趾末端长有黑色角质鞘，这是在其他有尾两栖类中少有的性状，它们也由此得名。爪鲵的特别之处不仅在于外貌，更在于内在。爪鲵属的成员没有肺脏，它们在幼体时通过鳃呼吸，变态后完全依赖湿润、纤薄的皮肤与外界进行气体交换，究其原因可能与降低新陈代谢率、减少能量消耗有关。

爪鲵还是极为娇贵的动物，喜阴凉、畏燥热，对生存环境温度的要求几近苛刻，当所处环境温度长期超过20℃或暴露于干燥环境之下即会死亡。在野外，它们大多栖息于多植被遮蔽的山涧溪流近出水口处，这里流水终年不断，水温也较为恒定，冬天积雪下的流水温度大约在3℃，在夏季也能维持在5~10℃，如此低的环境温度令爪鲵的新陈代谢和生长速率都异常缓慢。对爪

幼年辽宁爪鲵一般只生活于
出水口附近50米范围内,
这里水质清澈、水温稳定,
还有丰富的钩虾供其捕食

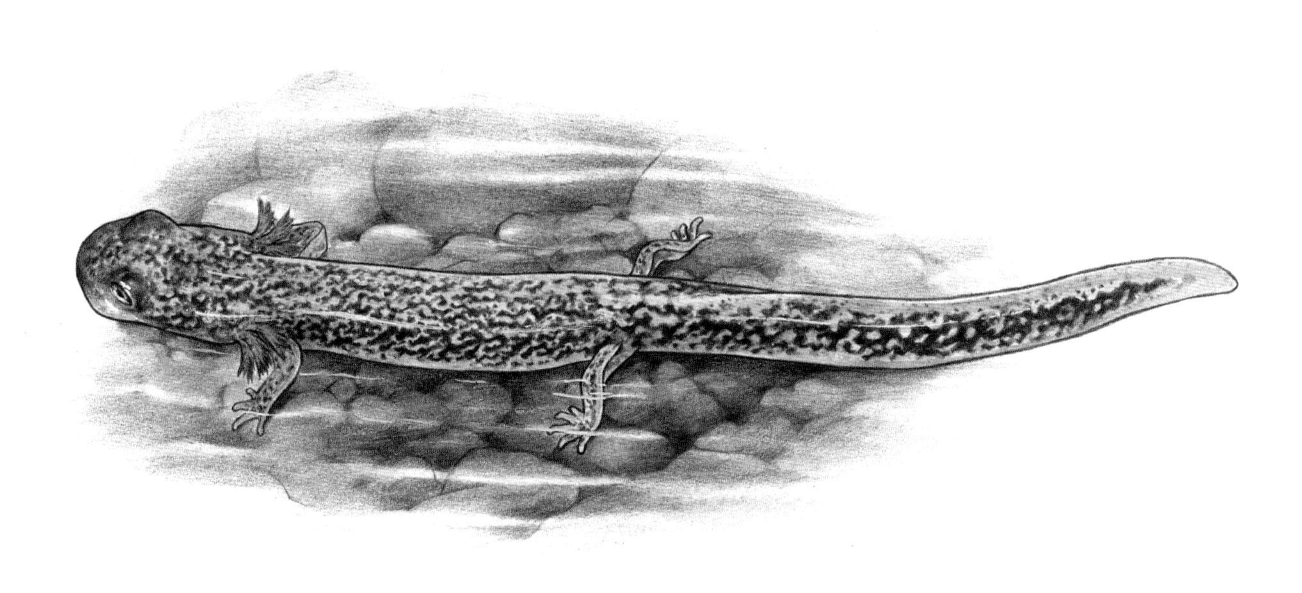

鲵年龄结构的研究结果显示，从卵发育到外鳃消退的新成鲵大概需要3年时间，而到性成熟则还需要2~3年。相比而言，生活于山脚下湿地水坑的东北小鲵（*Hynobius leechii*）自卵至性成熟只需要约3年时间，近乎是辽宁爪鲵的二分之一。不过缓慢的发育时间换来了较长的寿命，通过观察辽宁爪鲵趾骨切片的骨年轮，人们发现它们的寿命可达10余年之久，最长可近20年。

除此之外，低下的繁殖率也是导致辽宁爪鲵种群规模较少的因素之一。以往对辽宁爪鲵繁殖力的研究发现，辽宁爪鲵通常在水温回暖至7℃时开始进行交配，9℃时开始产卵，每次产下一对纺锤形的卵胶袋，卵胶袋一端相连成柄状黏附于水边岩石底部或枯枝之下，每一卵胶袋内有12~17枚卵，也就是说每尾成年雌性爪鲵只能诞下20~30个后代，而它们每年只能繁殖一次，且并非年年参与繁殖，因此每一尾能够参与繁殖的成年个体对维系种群繁衍都十分重要。

对环境敏感、生长速率缓慢、繁殖能力较弱是辽宁爪鲵致危的三大自身原因，人类对属于它们的栖息地的改造、利用则让它们的困境雪上加霜。3年多的野外监测让我逐步感受到辽宁爪鲵栖息地周围发生的变化，距离模式产地直线距离仅1.5千米的一处湿地被渣土填平用作工程用地，在我们监测区外的一处辽宁爪鲵栖息地被开发为旅游景区。加之近年来辽宁旱情不断，一些季节性的小水塘已完全干涸，我们的种群监测数据也从原来的每晚10余尾成体降低到如今的个位数。

靓丽的体色与独具特色的身型也令辽宁爪鲵吸引着宠物爱好者的目光，但娇贵的它们难以忍受运输过程中的颠簸与高温。有传闻称，多年前曾有外地宠物商人雇用本地山民捕捉辽宁爪鲵，但因温度过高导致数十尾辽宁爪鲵全部暴死于运输途中，如此滥捕对辽宁爪鲵本已所剩无几的种群造成了难以估计的损失。

栖息地质量的下降和成体数量的不断减少，令辽宁爪鲵的种群已不可避免地走向衰败态势。为拯救这一极度濒危物种，当地林业部门已在辽宁爪鲵栖息地设立保护小区，同时对当地村民加强宣教，令他们了解到这一东北亚特有物种的珍稀性与独特性。2021年年初，新颁布的《国家重点保护野生动物名录》将辽宁爪鲵列为国家一级重点保护动物，吉林爪鲵列为国家二级重点保护动物，至此分布于我国的两种爪鲵都将受到严格的保护。

如今的我已经毕业，来到了南方开展新的野外工作，但心头还一直牵挂着那些远方的老朋友，希望当我再次回到东北的山野，还能一俯身便可触摸到这黑土地上滋养出的生灵。

@齐硕

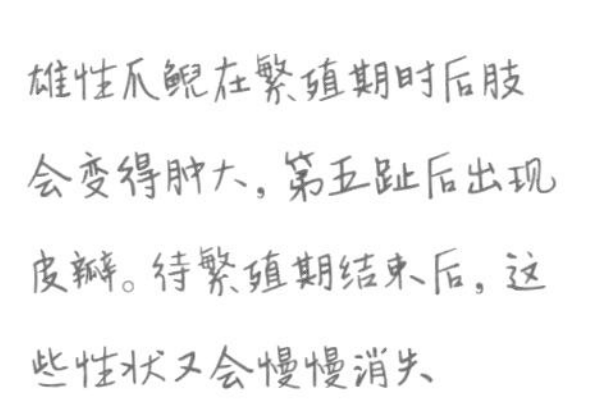

纲 两栖纲

目 有尾目

科 隐鳃鲵科

属 大鲵属

中国大鲵

Andrias davidianus

说起大鲵这个名字大家应该不会陌生，这种呆头呆脑的有尾两栖类是我国的特有物种，也是濒临灭绝的珍稀动物，它还有个响亮的俗称——“娃娃鱼”。

之所以获此称谓，不仅是因其样貌好似一个虎头虎脑的黑胖娃娃，更在于它们在水下发出的叫声好似闹夜的婴儿在放声啼哭。我国古代先民很早就发现了这一特点，《山海经·北山经》中记载了这么一段：“又东北二百里，曰龙侯之山，无草、木，多金、玉。决决之水出焉，而东流注于河。其中多人鱼，其状如鳑鱼，四足，其音如婴儿，食之无痴疾。”这段文字中的“人鱼”“鳑（tí）鱼”所指皆为大鲵。在此后的两千多年光景里，大鲵又以“啼鱼”“狗鱼”“脚鱼”等名出现在诸如《水经注》《本草纲目》等典籍之中。

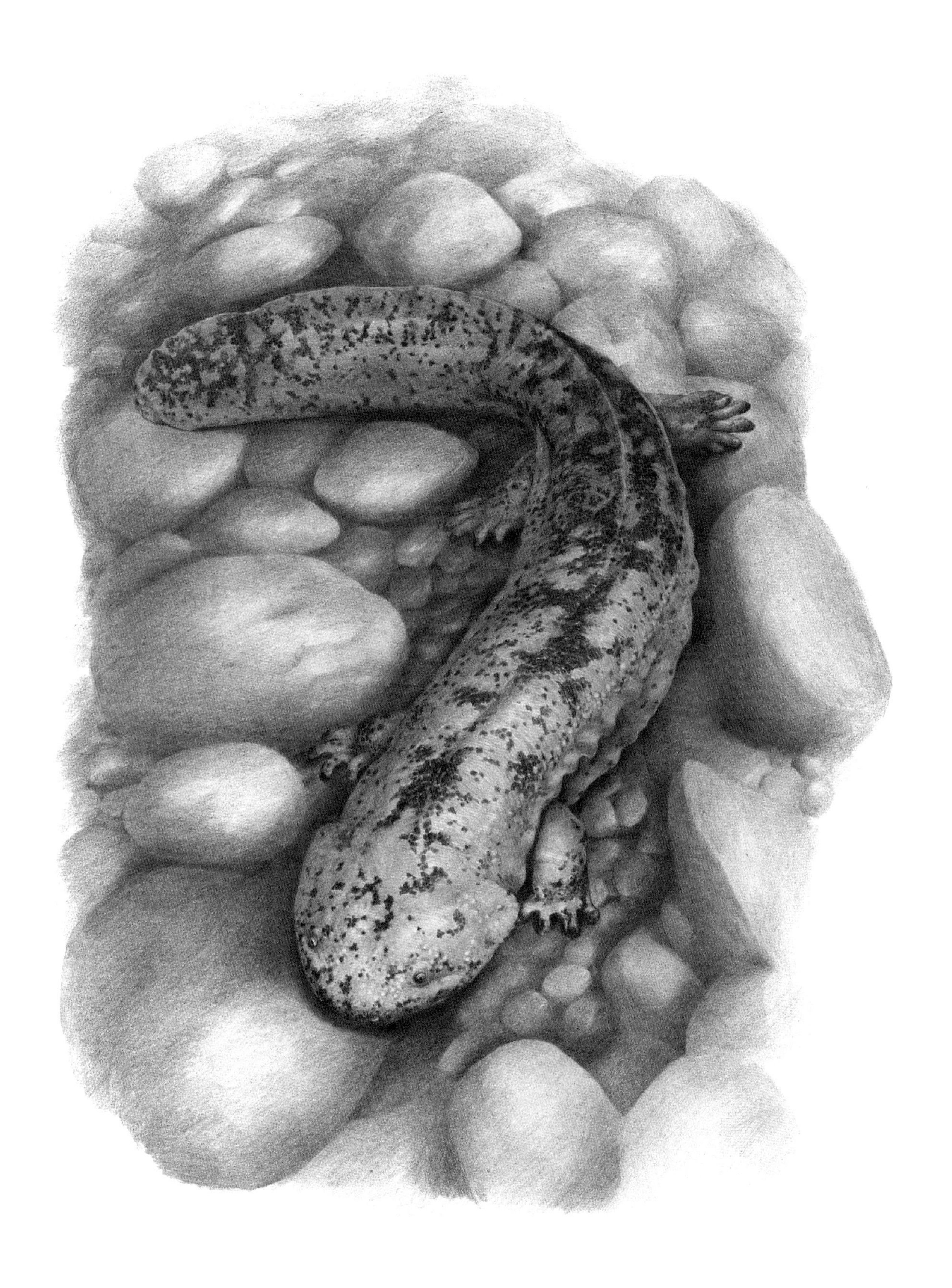

如此多的俗名也从侧面说明大鲵在过去数量众多，分布广泛。最新资料显示，大鲵的历史分布记录北始太行，南至南岭南麓，西起青藏高原东缘，东贯长江三角洲，在我国所产的有尾类中当属不折不扣的广布种。它们终生生活在水中，栖于浅水溪流或地下溶洞内，小小的眼睛视力不佳，主要起感光作用，短粗的四肢也不利于在陆地上爬行，因而极少上岸活动，皮肤的颜色、质地与水中卵石颇为相似，是绝佳的隐蔽色。

虽然它们看起来一副不紧不慢、呆萌可爱的样子，但千万不要被这“扮猪吃虎”的外貌所蒙蔽。大鲵可是当今世界上最大的两栖动物，成体全长可达1米以上，而有记录以来的最大个体全长1.8米，重逾50千克。它们口中长满细密的牙齿，当感觉到身旁有猎物经过时便将其一口吞入。它们在野外的主要捕食对象是软体动物、甲壳类、鱼类及蛙类等，但如遇到落水的鸟类和小型哺乳类自然也不会放过。传说湘西地区曾有妇女将婴儿放在水潭边洗衣服，一转眼孩子被大鲵拖入水中吃掉的悲剧，传说的真实性虽不可考，但如今许多大鲵养殖户被咬伤的案例可是屡见不鲜，也证实了大鲵是种具备一定攻击性的伏击猎手。

自古以来，大鲵就常被捕捉作为食物或药材，但对其生存最大的威胁还是栖息地的破坏。据估计，自20世纪50年代以来，野生大鲵的种群规模已锐减80%以上。世界自然保护联盟红色名录将其濒危等级评定为极危（CR），我国也于1988年将其列为国家二级保护动物。

不过随着大鲵人工养殖技术的瓶颈被突破，这种珍稀动物逐渐脱离了灭绝的边缘，甚至在近几年开始走进寻常百姓家的餐桌。许多保护区也从大鲵养殖场购入幼鲵进行增殖放流，数量已超过10万尾，这一物种的明天似乎一片大好。

近年发表的一项关于大鲵群体遗传学的研究显示，大鲵的基因多样性并非单一，目前的数据支持大鲵种群至少包含了5个独立的演化支系。换句话说，我国可能分布着5个不同种类的大鲵。这本来是大大增加物种多样性的好消息，然而却让人陷入更深的忧虑。曾经无序的引种养殖和放归已经极大破坏了大鲵的基因多样性，不同种类的大鲵在人类的“保护”下成了一锅“大杂烩”，如今真正的“纯种”大鲵在野外已经难觅踪迹，对于它们的保护也因此陷入了尴尬的境地。

在这项研究发布不久，英国的研究团队依据20世纪初采集自中国华南地区的标本恢复了华南大鲵（*A. sligoi*）的种级有效性。在过去近百年里，它一直被作为中国大鲵的次定同物异名，直到依靠分子证据才被验明正身，“现存最大两栖动物”的称号也就此易主。但对于隐藏在大鲵名号之下的其他遗传谱系来说，由于已无法获得足够的标本，或无法得到“纯种”个体，它们也就永远不能获得属于自己的名字。

人们总在探讨对物种进行分类的意义何在，大鲵的境遇就是一个绝好的实例——如果连一个物种最基本的分类地位都没有搞清楚，那么一切研究与保护工作都将步入歧途。对大鲵来说，及时调整保护计划或许还不算太晚，对其他物种来说，我们则希望不要重蹈覆辙。

@齐硕

成年雌性中国大鲵每次可产下300~1500枚卵，卵与卵之间以卵胶带相连，形似念珠状，长度可达数十米。雌鲵产卵完毕后即匆匆离去，留下雄鲵护卵，直至幼鲵孵化

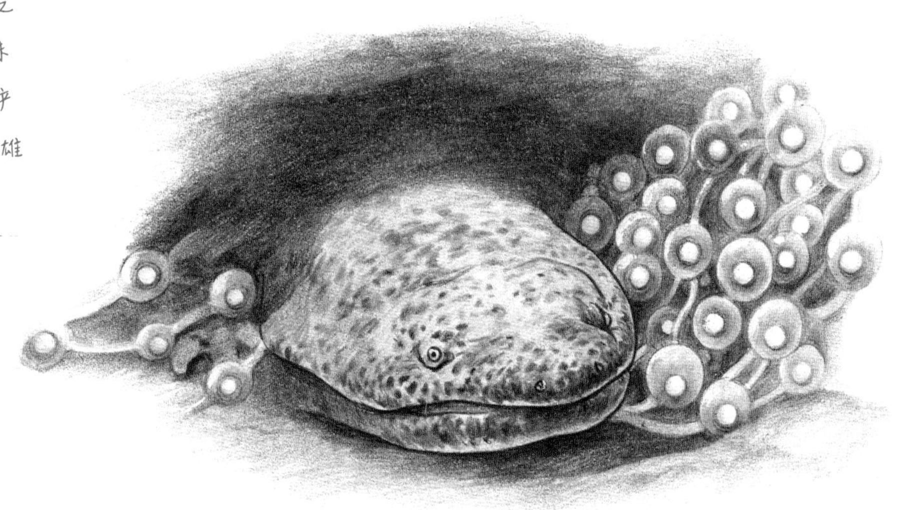

纲 两栖纲

目 有尾目

科 蝾螈科

属 疣螈属

大凉疣螈

Tylototriton taliangensis

疣螈属隶属于有尾目蝾螈科，主要分布于我国南方、中南半岛及喜马拉雅南麓地区。该属一般通体黑色或褐色，有棕黄色或橘红色的色斑及疣粒，排列因种类而异。眼后有或大或小的耳后腺，耳后腺和皮肤腺能够分泌毒液。在这里我们介绍一种中国特有的疣螈——大凉疣螈。大凉疣螈是我国两栖爬行动物学研究鼻祖刘承钊先生命名的，模式标本采自四川南部大凉山区。

大凉疣螈体型较大，全长一般超过20厘米，其中尾巴的长度约占一半。通体黑色，耳后腺却是鲜艳的橘红色，这可能起到警戒色的作用。此外，大凉疣螈的手掌、脚掌、指尖、趾尖和泄殖孔的边缘也都是橘红色的。

2015年夏季，我在四川石棉县的山区遇到一些大凉疣螈，并有幸目睹它们的繁殖行为。我顺着溪流前行，在山路转弯处发现一处不足2平方米、水深

不到1米的由溪水汇成的小水塘，水塘里水草繁茂，清澈见底，有几条黑色的身影在游弋，那正是成年的大凉疣螈繁殖的场所。我看到两条大凉疣螈抱在一起，肥胖臃肿的在上边，而瘦弱一些的在下面。那么，到底哪个是雄性，哪个是雌性呢？众所周知，大多数蛙和蟾蜍都是采取雄性在上、雌性在下的抱对方式，而大凉疣螈的交配行为与无尾两栖类截然相反，抱对时，雌性在上，而雄性则绕到雌性身下，两只前肢向前反转，将雌性的前肢挽住，仿佛是在跳一支特殊的水中“交际舞”。

雌性大凉疣螈每次产卵200多枚，分散在水中任其自由孵化。大凉疣螈的幼体长得十分特别，如果读者看过动画电影《驯龙记》，一定会对电影中的“无牙仔”印象深刻：大凉疣螈的幼体与无牙仔有几分相似，都有圆钝的头部，大大的嘴巴和小小的眼睛，短粗的四肢，还拖着一条长长的尾巴。两者最为神似的地方莫过于头上深褐色的几对“角”。只不过，大凉疣螈头上的“角”不是硬的，而是柔软的，像羽毛一样的外鳃，头部两侧各有3根，是有尾两栖类的幼体在水中用来呼吸的器官。大凉疣螈的幼体生长比较快，当年即可发育成可以上岸的幼螈。

大凉疣螈栖息在海拔1000多米到2000米的植被比较茂密的山区，一般在水源附近活动，目前仅知分布于中国四川西部。大凉疣螈在当地被称为“羌活鱼”，可能是因为经常被发现栖息在药材羌活的根部。事实上，包括山溪鲵和红瘰疣螈在内的很多有尾两栖类都被冠以这个充满中医药气息的名字。也有一些地区的人捕捉疣螈、山溪鲵入药。事实上，这些不同的物种体内的蛋白质组成，尤其是表皮腺体分泌物的成分都不尽相同，有些还有一定的毒性，却在中药领域被一概而论地作为一味药材。如果不加鉴别滥用，可能会存在一定的安全隐患，更不利于物种的保护。目前，包括大凉疣螈在内，中国境内分布的疣螈属所有物种都被列入国家二级保护野生动物，疣螈属所有物种均被列入《濒危野生动植物种国际贸易公约》（CITES）附录Ⅱ。我们应该把这些生灵当做大自然中不可或缺的一部分，而不是可以随意利用的药材。

@史静耸

VU

大凉疣螈的幼体，头侧具有羽毛状的外鳃

纲 两栖纲

目 有尾目

科 蝾螈科

属 棘螈属

高山棘螈

Echinotriton maxiquadratus

棘螈是一类长相奇特的有尾两栖动物，它们有着近五边形的头，身体两侧的骨在背部突出成一排长刺的形状，看上去跟传说中的异形怪兽有几分相似。棘螈和它们的近亲疣螈一样，都属于有尾两栖动物中比较原始的类群。棘螈家族的成员非常少，在高山棘螈被发现之前，全世界已知的棘螈属一共只有两个物种，一个是分布在我国浙江的镇海棘螈（*Echinotriton chinhaiensis*），另一个是分布在我国台湾和日本琉球群岛的琉球棘螈（*E. andersoni*）。2014年，一个偶然的机会，科研人员为这个神秘的家族又新增了一员——高山棘螈（*E. maxiquadratus*）。这是个令学界振奋的新发现，因为距离棘螈家族上一个成员镇海棘螈的发现，已经过去了82年。

棘螈家族身体全长大多在13~19厘米，体色以灰黑色、灰褐色为主，皮肤粗糙，有细小的疣粒和皱纹，背部肋骨末端有圆形的刺状突起，沿着背部两侧排成行，所以被叫作“棘螈”。高山棘螈拥有较大的方骨突起，所以头的后半部分看起来特别突出，整个头从背面看上去就是五边形的。种加词“*maxiquadratus*”便是形容其巨大方骨这一特征。此外该学名还有一层引申含义，开头的“max”一语双关，不仅在字面意义上表示“最大的”，同时也是向著名有尾类研究者马克斯·斯帕布姆（Max Sparreboom）致敬。

高山棘螈生活于靠近山顶的次生灌木林区，栖息地多有较高的灌木丛和杜鹃丛，灌丛间的湿地和静水塘为它们的生存提供了足够的湿度，所以，它们并不过度依赖水生环境，在林下的潮湿陆地环境就可以看到它们的身影。高山棘螈在每年清明节前后繁殖，虽然高山棘螈的交配行为还没有被观察到，但是根据已知的它们的近亲镇海棘螈的习性推测，它们可能也是在陆地上交配，这与绝大多数的两栖动物不同。镇海棘螈一般将卵产在水源潮湿的陆地上，这有效降低了卵在孵化的过程中被水生动物捕食的风险。高山棘螈每次产卵40枚左右，卵彼此独立，互不粘连，胚胎在卵膜的包裹中孵化成幼体，随后借助雨季的雨水流入水潭或静水塘中开始发育。高山棘螈的幼体体色为淡黄褐色，头后两侧长有羽毛一样的外鳃，可以帮助它们在水中呼吸。随着幼体成长，外鳃逐渐退去，此时也就到了高山棘螈幼体开始登陆的时候了。

高山棘螈的发现地点就位于琉球棘螈栖息地和镇海棘螈栖息地之间。新种高山棘螈的发现，不但填补了棘螈家族地理分布信息的空白，也为研究棘螈家族的起源和演化提供了重要的线索：科研工作者根据整合出来的棘螈家族三个不同成员的分布信息，对它们的起源做出推测——在第四纪冰河时期，海平面下降，琉球群岛和台湾海峡之间的岩床暴露于海平面之上，岛屿和大陆之间也没有海峡作为天堑，后来随着上百万年的地质变迁，海平面逐渐上升，这几种棘螈的种群被彼此隔离，独立演化，最终形成了不同的物种。如果这个假说成立，那么在其扩散沿途的广东、福建等地或许都应该有棘螈家族的成员存

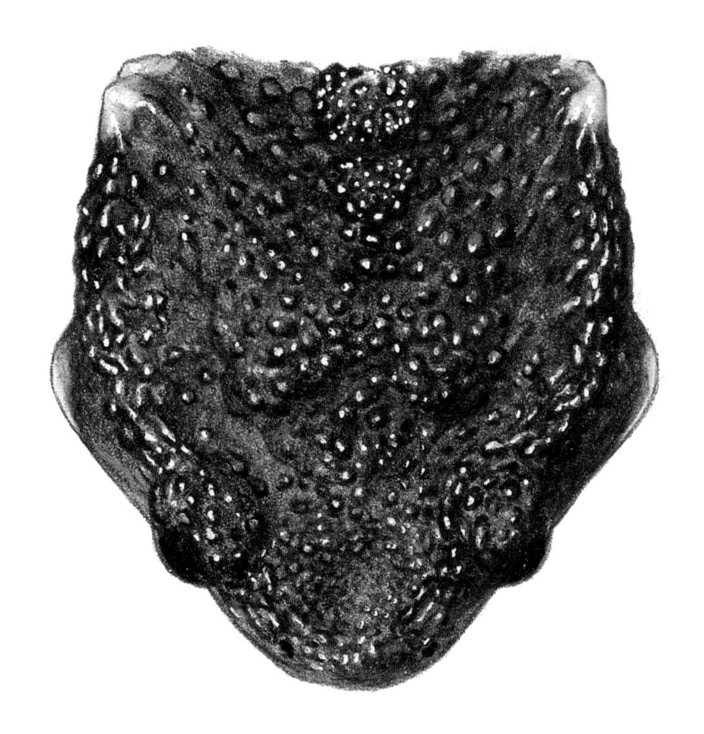

从背侧看，高山棘螈的头部略呈五边形

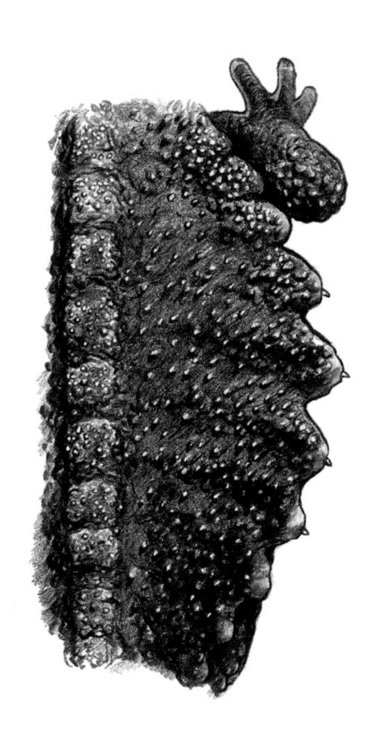

在遇到危险时，棘螈的肋骨会刺破两侧的皮肤伸出体外，成为防御敌人的武器

在。不管怎么说，棘螈家族的起源和扩散的经历，其实也是沧海桑田的地质变迁的一个缩影。

科研人员最初发现高山棘螈并命名的时候，已知的栖息地仅局限于广东境内的一小片区域，他们认为这种物种的分布范围极其狭窄，种群数量又稀少，因而十分珍稀、濒危，为了保护这个刚被发现就举世瞩目的明星物种的种群不被人为破坏，当时参与命名的研究人员并没有公布其具体的采集地点。后来，随着调查研究工作的深入，人们又相继在我国东南部的其他地区发现了它们的踪迹，不但扩充了高山棘螈的栖息地，也进一步验证了此前研究者关于高山棘螈起源和地理扩散的猜想。但是，高山棘螈已知栖息地的种群数量仍然比较稀少，且栖息地遭到严重破坏，保护这种奇异的两栖动物，是每一个科研工作者和两栖动物爱好者义不容辞的责任。

@史静耸

CR

高山棘螈的卵并不是产在
水里，而是潮湿的陆地上

纲 两栖纲

目 有尾目

科 蝾螈科

属 蝾螈属

滇螈

Cynops wolterstorffi

1905年，动物学家乔治·布伦格（George Boulenger）将采自云南滇池的蝾螈标本描述为一个新种；2004年，世界自然保护联盟（IUCN）将这种蝾螈的濒危等级评估为“灭绝”。不到一个世纪的时间，人们亲眼见证了一个物种从繁盛到灭绝的全过程，这就是滇螈，中国当代唯一确定灭绝的两栖动物，而与它一同逝去的还有昆明人记忆中的滇池。

作为云南省最大的淡水湖，自古以来滇池就如春城向各路过客展示自己的一张名片。“汪汪积水光连空，重叠细纹晴漾红”，唐代诗人温庭筠在描述滇池时这样说道。明人冯翁也以“光雯皆五色，蜿蜒无损鳞”来寄情于此地的湖光山色。但后来，碧波荡漾、草长莺飞的滇池只能定格于前人的记忆中，取而代之的是一汪浑浊不堪的绿色湖沼。

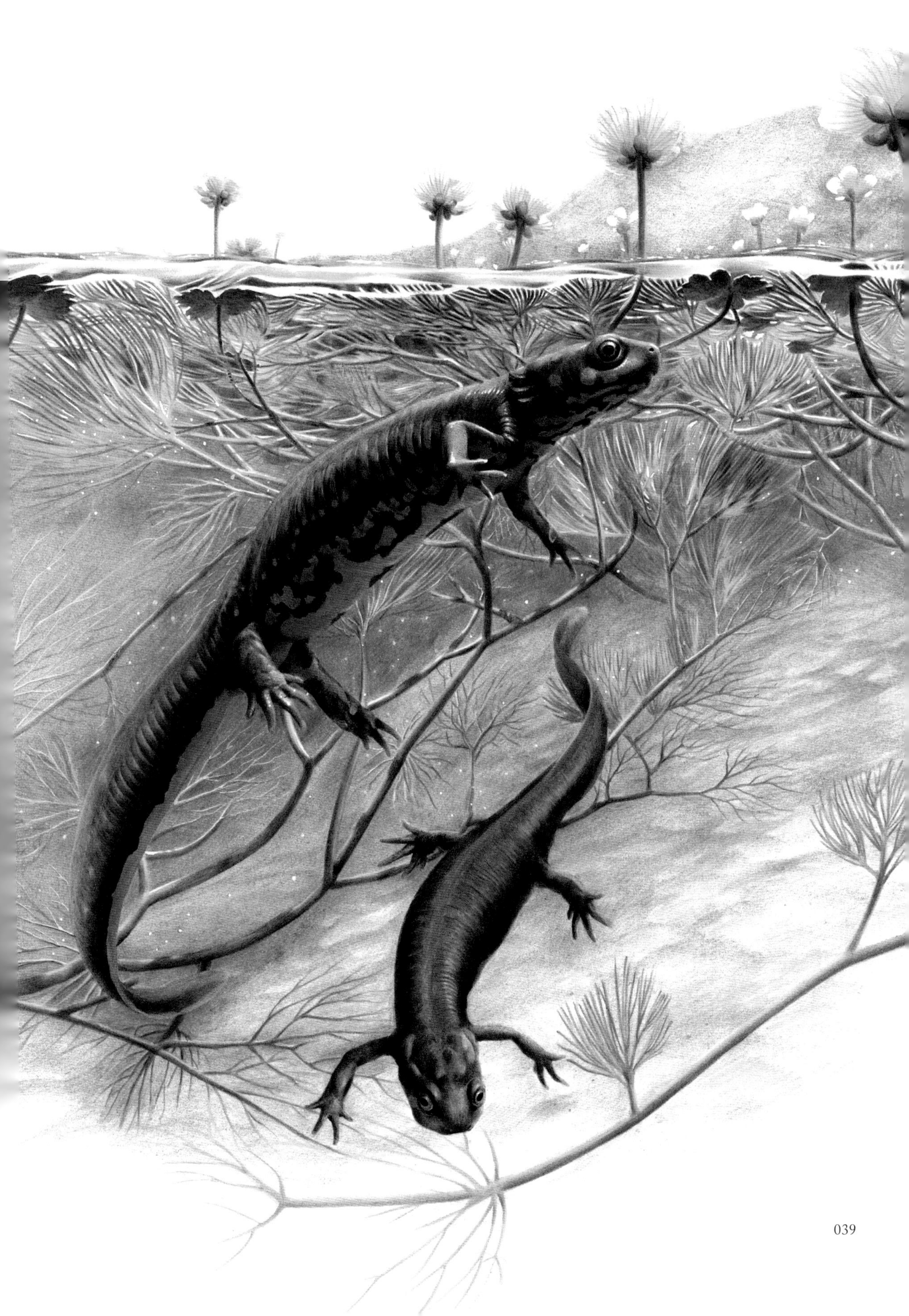

滇螈曾是滇池中的优势物种，几乎遍及整个滇池及周边水系，在相隔湖体不远的公园、稻田也偶见其出没。它们在蝾螈属中算是个体偏大的种类，全长9~15厘米，尾巴大概要占到总长度的一半。长相上属于中规中矩的类型，通体底色呈棕黑色，体背正中有一道橘红色的纵棱，眼下方有一橘红色小圆斑，腹面为形状不规则的橘红色与黑色斑块相杂，体侧也常点缀有橘红色小斑点。因其无实际的经济价值和观赏价值，渔民在收网误捕后也会将其放归于滇池中，这样的默契令滇螈与人类共存千百年之久，但打破这种平静，恐怕只用了不到10年。

20世纪60年代末，一场浩浩荡荡的围湖造田运动拉开序幕，连续数年的筑堤排水、挖坑填池活动令滇池外围的浅水区遭到毁灭性打击。受影响最大的莫过于滇池北部被称作“草海”的一片水域，这里的浅水区曾铺满海菜花、水毛茛、睡菜等各类水生植物，丰沛的水草引来大量水生昆虫在此繁衍，也为滇螈提供了丰富的食物来源，繁殖期的滇螈还会将一粒一粒的卵黏附于水草之上，以避免沉入湖底成为其他动物的口粮。不同于许多有尾两栖类在成年后会转为偏陆栖生活的习性，滇螈更偏爱生活于水环境之中，有些个体即便在成年后也依旧保留有外鳃或外鳃孔等幼体特征。此地可以说为滇螈世世代代提供了赖以为生的栖身之所，而“草海”的覆灭也奏响了滇螈灭绝的序曲。

时至20世纪70年代中后期，草海已被填占2/3，滇池中已几乎见不到滇螈的影子，就连湖中水草也多绝迹，但人类改造自然的步伐还未曾停歇。到了80年代，由于人口数量的激增，沿湖周围各类建筑拔地而起，昔日的“母亲湖”成了吸收整座城市废物的污水池，水质也由昔日的Ⅱ类连降到最差的劣Ⅴ类，水体富营养化令蓝藻暴发的次数逐年递增，水中溶解氧的含量进而锐减。对于滇螈这种对环境变化敏感的两栖动物来说，是无论如何也不可能在如此恶劣的环境下生存的，这一物种在地球上的最后记录定格在20世纪70年代末到80年代初这一时间段，与其一同消失的还有多种滇池独有的鱼类、螺类。

直到有一天，人们开始受不了这浑浊的湖水，才开始怀念昔日的碧水蓝天，开始出台各种整改政策。我们也不得不再次感叹人类改造自然的能力有多么强大，经过几年的治理，湖面散发腥臭气味的蓝藻越来越少，水质呈现稳步回升态势。滇池水正在慢慢清澈回来，从西伯利亚远道而来的红嘴鸥成为滇池的新名片，在欢喜之余又有多少人记得，这里原本的主人究竟姓甚名谁呢？

@齐硕

滇螈

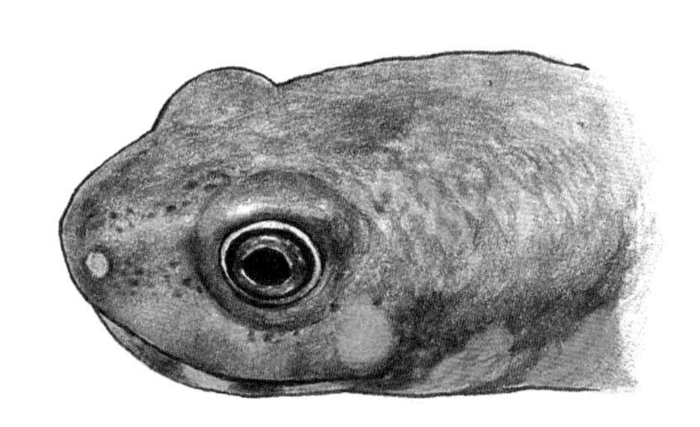

蓝尾蝾螈

滇螈（*Cynops wolterstorffi*）与蓝尾蝾螈（*C. cyanurus*）的头部对比

纲　两栖纲

目　无尾目

科　角蟾科

属　齿蟾属

红点齿蟾

Oreolalax rhodostigmatus

红点齿蟾眼睛很大，四肢细长，体背一般为紫褐色，体侧有数十枚小米粒大小的橘红色疣粒，与其灰暗的体色形成鲜明的对比，红点齿蟾之名也因此而得。

这些不见天日的精灵生活在海拔1000~2000米的山区石灰岩溶洞中，一般栖息在距离溶洞口50米或更深的地方，完全没有光线。成年红点齿蟾喜欢趴在溶洞中暗河两侧的石块上。正因如此，除了深入溶洞中的探险者和科研工作者，寻常人很难一睹它们的“尊容”。

数年前，我曾听一些前往西南地区喀斯特溶洞中探险的好友描述，在他们去过的一些溶洞中，有一种奇怪的“鱼”，当地人称为“棒头鱼”，拖着一条尖

尖长长的尾巴，体型较大，有十几厘米，全身粉白色，呈半透明状，甚至能够隔着表皮看到内脏。起初，我以为他们看到的“鱼”是黑暗洞穴中栖息的金线鲃（bā），但是金线鲃的尾部是分叉的，且眼睛几乎完全退化，额头高高隆起，与描述并不一致。当看到他们提供的这些“透明鱼”的照片时，笔者发现，所谓的“透明鱼”并不是鱼，正是红点齿蟾的蝌蚪。

红点齿蟾的蝌蚪体型十分巨大，最大的全长超过10厘米，甚至超过半数的成体的体型。蝌蚪不仅个头大，样子也十分奇特，一般有两种不同的色型：栖息在溶洞深处的蝌蚪通体呈半透明的肉粉色，就连内脏和白色的脊柱都清晰可见；而靠近溶洞口栖息的蝌蚪全身褐色，不透明，与一般的蝌蚪没有太大的差别。这两种色型的蝌蚪的差异是可以逆转的，如果将透明的蝌蚪从黑暗处转移到有光照的溶洞口，则会变为褐色，反之亦然。红点齿蟾无色透明的形态特殊，可能与其黑暗无光的栖息环境相适应。红点齿蟾的蝌蚪眼睛很小，看上去只有两个小黑点，视觉不发达，只有一些感光能力，见到电筒光就会四处躲藏。

无独有偶，除了红点齿蟾，还有一种叫作“务川臭蛙”的蛙类，也是专门在溶洞黑暗处过着终年不见天日的生活。在贵州的一些溶洞内，务川臭蛙和红点齿蟾在一起生活，这种现象称为“同域分布”。

红点齿蟾独特的栖息环境和生活习性，为喀斯特溶洞地质演化和洞穴环境的生物多样性研究提供了重要的信息。它们的食性、繁殖行为和个体发育等很多生物学资料还有待人们的观察和发掘。红点齿蟾是中国特有物种，在我国西南地区分布较为广泛。然而，红点齿蟾的栖息环境十分特殊，只有在一些溶洞里才能找到它们的踪迹，呈点状分布，一旦它们栖息的溶洞被开发成旅游景点，其种群就会受到明显的影响。

洞穴生态系统不仅滋养了栖息于其中的各种独特生物，还持续影响着周围的地质、水文环境。但洞穴生态系统自身与洞穴物种同样脆弱，正所谓“覆巢之下，焉有完卵”，若不对溶洞开发加以监管控制，将与人类告别的则远不止几个洞穴物种而已。

@史静耸

VU

红点齿蟾，因体侧具有鲜艳的

红色斑点而得名

纲 两栖纲

目 无尾目

科 角蟾科

属 拟髭蟾属

峨眉髭蟾

Leptobrachium boringii

峨眉山，是中国佛教四大圣地之一，不仅风景秀丽，更是个钟灵毓秀、生灵遍布的地方。这里有壮美绝伦的金顶日出、佛光和云海奇观，有胆大顽皮拦路“打劫”游人的野生藏酋猴，有在路边树上跳来跳去向游人索要食物的隐纹松鼠，还有很多神秘而美丽的两栖爬行动物，“胡子蛙”就是其中之一。

胡子蛙，顾名思义，就是嘴上长满胡子的蛙。它的中文名叫峨眉髭蟾，“胡子蛙”是它在当地的俗称。峨眉髭蟾是中国两栖爬行动物学鼻祖刘承钊先生1945年在峨眉山首次发现并报道的，种加词献给他的导师博爱理（Alice M. Boring）教授。

雄性峨眉髭蟾“胡子”的数量因个体而异，少则八九枚，多则十五六枚。这些“胡子”其实是角质的硬刺，在繁殖期才长出来，既是它们挖掘“婚房”的工具，也是求偶争斗以及护卵期间的武器。

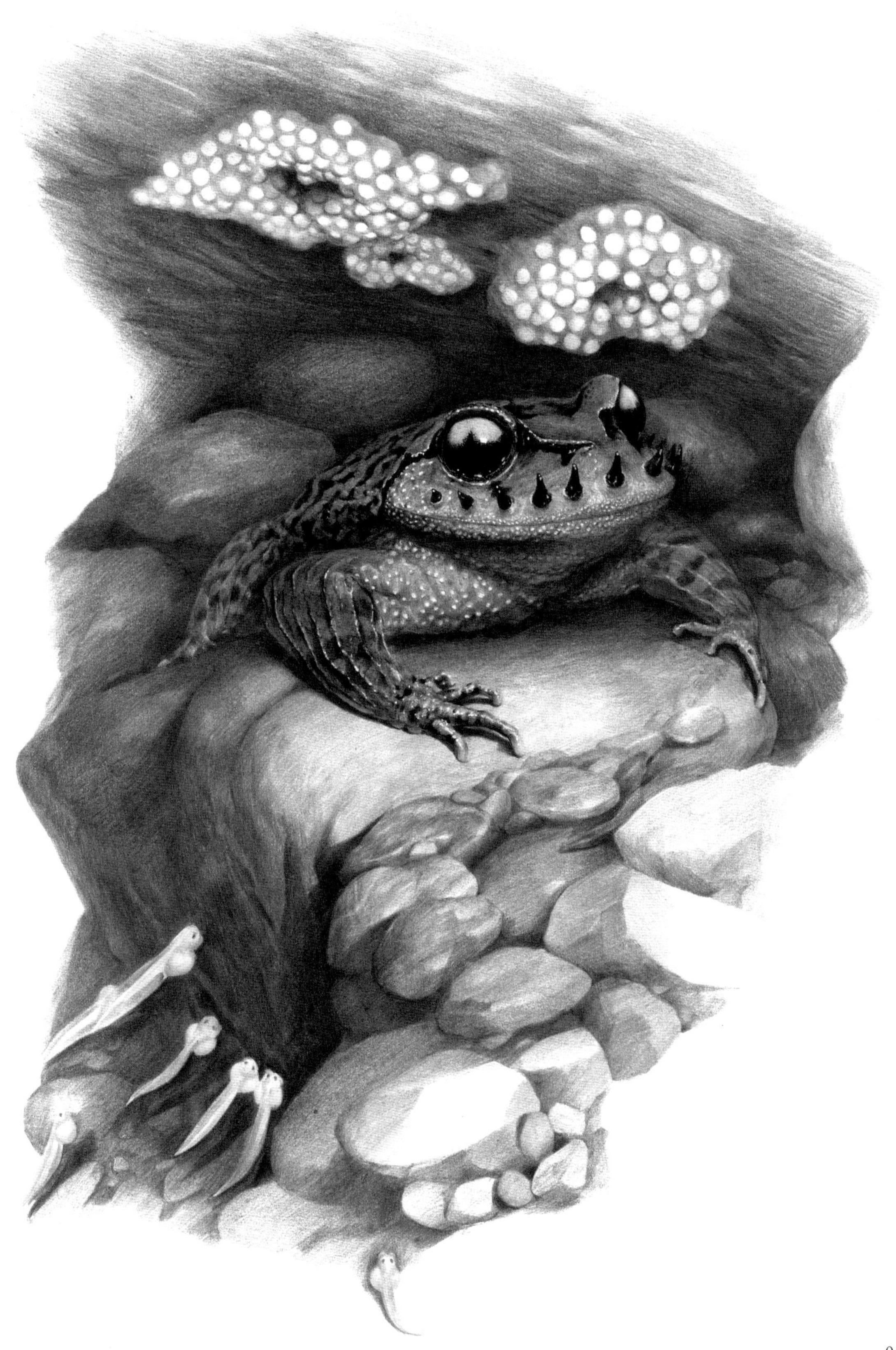

髭蟾是一类特殊的无尾两栖动物，分布于我国华东、华南地区，以及东南亚的一些地区。与平原地区的蛙类不同，峨眉髭蟾专挑春寒料峭的2月到3月初，在冰凉的山涧水潭里繁殖。只有在这段时间，它们才会集体出现在水中，其余时候它们都在陆地上生活，很难被发现。

髭蟾喜欢在夜间活动，白天一般都蛰伏在溪边的石头下，即使找到它们，它们也只会慵懒地蜷缩成一团，半闭着眼睛。而到了夜晚，它们才会外出活动，昂起头，一双圆圆的大眼睛炯炯有神，瞳孔的上半边还有一圈闪亮的蓝色“美瞳”，在灯光下更是反射出空灵的淡蓝色。这种“美瞳”无论雌雄都有，只有当它们眼睛完全睁大的时候才看得见。

繁殖季节的雄髭蟾，上唇边缘会长出一圈乌黑光亮的尖刺，仿佛一根根上翘的胡须。这些“胡子”是峨眉髭蟾在繁殖期表现出的第二性征——它们大名里的“髭”就是胡子的意思。雌髭蟾“胡子”的数量相对较少，四肢纤细，体色偏浅，上唇是没有“胡子”的。

繁殖期的雄髭蟾，会先用四肢在水中巨石下的泥土中挖出巢穴，以供雌髭蟾产卵，准备就绪后便开始发出咕咕的低吟，迎接“新娘”的到来。

如果这时遇到另一只雄髭蟾，它们会马上大打出手，绅士风度荡然无存。有一次，我看到水中一块巨石旁泛起了大量泥沙，拿手电照过去，勉强能看到被搅浑的水中，有两只雄髭蟾扭打成一团。它俩时而用头互顶，时而后腿蹬踢，把四周的溪水搅得泥沙翻涌，场面相当激烈。所以，在繁殖季节，很多雄髭蟾身上都会有一些圆形的伤口，这就是它们打斗留下的痕迹。

虽然雄髭蟾在求偶的时候很好斗，但在繁殖过程中，却是对后代温柔尽心的好父亲。交配过后，雌髭蟾会在水底巢穴的石头表面产下大约300枚卵，然后径自离开，留下雄髭蟾独自照顾后代。这时它们的“胡子”又成了自卫武器，用来赶走小鱼、溪蟹等“不速之客”。

峨眉髭蟾的卵经过20天左右就会孵化成蝌蚪。刚孵化出来的蝌蚪是白色的，长大之后会变成褐色，背上有一道“Y”形的金属铜色花纹。峨眉髭蟾的蝌

EN

蚪喜欢栖息在清澈的水潭中。峨眉髭蟾的蝌蚪生长缓慢，大约要经过3年才能变身为幼蟾，再过1~2年才能长成成体。蝌蚪的阶段越漫长，在整个生命周期就越容易遭到人类活动的干扰，水体污染对它们而言更是致命的打击。

说到保护峨眉髭蟾的话题，其实距离我们并不遥远。它们栖息在峨眉山等风景名胜的山川溪流中，当我们前往这些地方饱览美景的时候，要时刻注意保护环境，不乱丢垃圾、不污染水质，拒绝购买和食用野生动物，这就是对它们最好的保护。

@史静耸

雌性峨眉髭蟾没有“胡子”，体色也比雄性略浅一些

纲 两栖纲

目 无尾目

科 角蟾科

属 泛角蟾属

南澳岛角蟾

NE

Panophrys insularis

我曾经不止一次被问到，“发现新物种的意义在于何处？”除了诸如丰富物种多样性、填补各种空白、为各种理论提供依据等“官方标准答案”外，让自己开心同样是意义之一。作为一名动物分类学爱好者兼从业者，发现和发表新物种是一件令人身心愉悦的事，我个人也乐于去尝试了解更多类群，拓宽眼界。在多年的积累下，对各个类群的检索特征虽不能说惯熟，但也起码略晓门道，可唯独对一个类群驻足观望已久却始终不得要领，这便是角蟾。

角蟾属在两栖动物之中的存在，就好似大步甲属之于昆虫，禾本科之于植物，鸥形目之于鸟类……对动植物略有了解的读者读到此处可能略有会意，没理解也不要紧，说白了就是“难以辨识”。在过去那个完全依靠形态学进行

分类的日子里，角蟾的分类与辨识就已困扰众多学者，而在分子生物学飞速发展、普及的近20年里，大量形态近似而具显著遗传差异的隐存种相继被发现。在近10年我国发表的两栖动物描述中，角蟾科物种占据将近半壁江山，其中又以广义角蟾属（*Megophrys* sensu lato）物种所占比例最高。

关于角蟾的分类问题，国内外一直众说纷纭。一派学者主张“单属观点”，将角蟾亚科内的100多个成员全部包含在一个庞大的角蟾属中，所基于的理论是角蟾亚科内虽然各属间形态差异较大，但都具有共同的衍征，且异角蟾属（*Xenophrys*）、泛角蟾属（*Panophrys*）和拟角蟾属（*Ophryophryne*）三属的系统关系与形态的不一致性也是有待解决的问题。“单属观点”虽然解决了角蟾亚科的单系性问题，但对于以辨识为己任的分类学工作者来说，这似乎是个“偷懒”的解决办法。另一派学者则主张“多属观点”，将角蟾亚科拆分为7个属，7个属各自为单系，且在形态与繁殖生态上展现出各自不同的特点，从作为分类学的实际应用角度也是更好的解决方式，因而“多属观点”已获得越来越多的认同。

虽名为“蟾”，角蟾又与通常意义上的蟾蜍不同，分属不同的类别，具体差异表现在疣粒数量、皮肤质地、蹼发达程度等方面。两者流露出的气质也迥然不同，蟾蜍横置的椭圆形瞳孔令它们看起来更显憨厚，而角蟾的菱形瞳孔配上暗红色的虹膜看起来则有邪魅的感觉。

角蟾与其他蛙蟾之类最显著的区别在于其蝌蚪期的形态，所有角蟾蝌蚪均具开口向上且呈漏斗状的口部，而不具多数蛙蟾蝌蚪的唇齿，如此特化的口部形态反映了它们在摄食方式上的适应性变化。角蟾蝌蚪多活动于山间溪流，漂浮于水面之下滤食浮游生物及有机碎屑，在漫长的自然选择中，口部逐渐完成由“吸盘”到“筛网”的角色转变。

自蝌蚪变态成蛙之日起，它们便开始了独立的隐居生活，平日分散于山林各处，待性成熟后于每年特定的繁殖期才会在近水源处集结。雄性鼓起硕大的声囊，唱起清脆而又洪亮的情歌，附近的雌性闻声纷至沓来，共筹繁衍大计。有意思的是，在相同的一片区域可能存在多种角蟾混栖现象，但这些同域分布的近缘种之间常有生态位分化及繁殖期的错峰。如此有趣的现象吸引了众多学者探究其系统演化史，由此引出前文提到的问题——“多新种”“难辨识”。

公众对“新物种”这一名词普遍存在误解，其原因主要在于对“新”字的理解上有所偏差。众所周知，物种的演化是个漫长的过程，地质活动和气候变化是其主要推进因素，演化的历程是连续的、树状的，那种从“一个物种”进化为“另一个物种”的模式只存在于“数码宝贝”之中，真实的自然界中并不存在。我们常说的“新物种”指的是尚未被科学描述的物种，而并非近期才出现的物种，它们或许是行踪隐蔽、身处秘境而未被人发现，又或是受研究方法所限而混淆于外貌相近的物种之中，“新物种”始终客观存在，只是才被人为主观区别开来而已。分类学这一古老学科延续至今经历过数次技术革新，从形态分类到染色体核型再到DNA分子序列，从短片段线粒体基因到全基因组测序，人们对物种的认识发生着从宏观到微观、从简单到复杂的变化，“生命之树”也因此愈发枝繁叶茂。

南澳岛角蟾就是一个直到2017年才被正式发表的“新物种”，仅被发现于广东汕头南澳岛上一片不大的区域，是整个泛角蟾属内唯一栖于海岛的种类，因而分布范围更加受限。成年雄性南澳岛角蟾体长近4厘米，雌性近5厘米，体型虽然并不起眼，但对于东部沿海地区的角蟾来说已是十足的大块头，应当是“岛屿法则”的一例实证。

角蟾的角指的是它眼睑上方的角状突，其作用可能在于模糊头部轮廓，更好地隐蔽于枯枝落叶之中，发达程度因种类不同而异。南澳岛角蟾的角状突就小得可怜，仅仅是眼睑上方一枚不甚明显的小疣粒。栖息于贵州溶洞内的荔波角蟾（*P. liboensis*）就显得威武霸气多了，尖锐修长的角状突挺立于眼睑之上，自带一股傲人的气势。

身为旅游度假胜地的南澳岛是南澳岛角蟾唯一的居所，随着岛上度假民宿的不断扩建，这一极小种群物种的栖息地也随之不断减少，目前仅在岛西部一片不大的区域内发现还有繁殖种群。2021年新颁布的《国家重点保护野生动物名录》将其列为国家二级保护动物，令南澳岛角蟾成为角蟾属三种被列入“国字头”保护名录的种类之一。

广义的角蟾属乃至角蟾科在蛙类中都算得上是迁徙能力较弱的类群，它们大多蹼不发达，不善于游泳，腿短体肥，亦不善于连续跳跃，水系、山系等自然屏障都会直接影响它们的分化，每一个独立的地理种群都可能是一支独立的遗传谱系，每一片被开发的山林都可能是一个极小种群的唯一栖息地。令人炫目的物种多样性是生命之树末节盛放的繁花，也成为保护工作者所面临的巨大挑战。

@齐硕

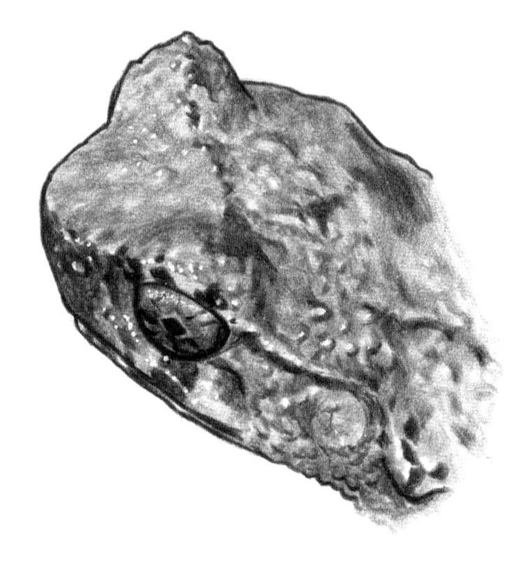

南澳岛角蟾

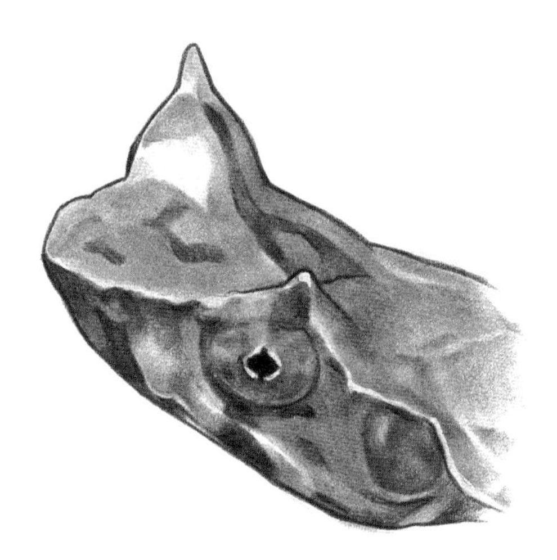

荔波角蟾

南澳岛角蟾（*Panophrys insularis*）
与荔波角蟾（*P. liboensis*）的
角状突对比

纲 两栖纲

目 无尾目

科 亚洲角蛙科

属 舌突蛙属

西藏舌突蛙

Liurana xizangensis

如果要把我所见过的两栖动物按寻找时的难易程度排个名，西藏舌突蛙必定能稳居榜单前列。之所以难以觅得倒也不是数量稀少，只是因其体型微小、行踪隐蔽而难以被人发现。

西藏舌突蛙体长一般在2厘米左右，通体黄褐色或灰褐色，散布细密的黑褐色小点，因其舌头上生有明显的乳突而得名。舌突蛙属现仅知5个物种，均分布于西藏东南部墨脱县及其周边地区，为我国独有的珍奇蛙类，它们多集群生活，繁殖期昼夜均会鸣叫。

对于西藏舌突蛙难以觅得的“传说”我早有耳闻，《中国动物志·两栖纲（下卷）》中有这样一段描述：“遁声追踪时，因不易辨别鸣声之确切方位，再

者蛙体甚小，隐没于深密草丛中，极不容易发现。一旦发现，因跳跃敏捷，很难捕获。”短短两句道出了舌突蛙的机敏与灵活，而当我亲身经历了寻蛙过程后，才切身体会到了文字中流露的艰辛。

2016年8月，我随队前往西藏东南部进行两栖爬行动物多样性调查，此行的第一个目标种正是神秘的西藏舌突蛙。夜晚的318国道褪去了白天的喧嚣，安静得连虫鸣鸟叫都显得格外响亮，我们落下车窗，放缓速度，静静地倾听窗外正在发生的故事。当车子驶出一座村镇，路旁的密林中传来阵阵清脆而连续的“嘎嘎”声，叫声此起彼伏，甚似虫鸣。

叫声的来源是路旁一处周围铺满了松针、落叶及苔藓的巨石堆，我们一行四人遂下车开始分头寻觅。通过叫声确定大概方位仅仅是第一步，在偌大一片区域搜寻几只不及蚕豆大的“蛤蟆”绝非易事，只得慢慢踱步，蹑手蹑脚地靠近叫声来源。感到光亮和振动逐渐逼近的舌突蛙叫声戛然而止，一只蛙的缄默迅速引起连锁反应，刚刚还窸窣不绝的森林顷刻万籁俱寂。我们只好关闭手电，静静蹲坐在原地，等待它们放下警惕再次欢鸣。三五分钟后，远处的蛙率先解除了警戒，发出几声短促的单音，这几声好似报平安的号角，近处的、远处的舌突蛙们又恢复了此前的生活状态。我们也再次投入到搜寻之中，可无奈这蛙如此机警，稍有动作即被惊扰，只得不断重复寻觅、等待、再寻觅、再等待的过程，我们的耐心值也不断被消耗。

难以辨别确切方位只是难点之一，有时已经确定了声音来源，但面前往往是块突兀的巨石，或是厚厚的落叶层，娇小的体型和似枯叶的体色令它们能完美地融入周围环境，隐蔽其中。最终，当晚只有我一位师兄在苔藓、落叶间寻得一只西藏舌突蛙，而没有亲自寻得此蛙也成为我一直以来的遗憾。

目前科学界对舌突蛙的认识还仅停留于传统分类学和分子系统学阶段，对其生活史的研究几乎空白，尤其是繁殖生物学方面资料尤为稀缺，它们在哪里产卵？蝌蚪长什么模样？变态发育需要多久？以上问题均尚属未知。

众所周知，两栖动物从卵到成体的过程需要经过一系列的变态发育，而这

一切都离不开水环境的参与。对绝大多数蛙类来说，无论它们平日栖于何处，到了繁殖期都会集中于水源地附近，部分生活于干旱环境中的蛙类会选择于雨季集中繁殖。而舌突蛙似乎是蛙类中的异类，它们的生活环境多为积满苔藓、落叶的森林，周围通常并无溪流、河流等自然水体，或距离水体较远。有学者猜测舌突蛙可能将卵产于潮湿的陆地上，幼体不经过自由游泳的蝌蚪阶段，又或是由孕体直接产下具备独立生存能力的幼蛙。该种繁殖机制在两栖类中虽然罕见但确有实例，比如非洲胎生蟾属的物种（*Nectophrynoides* spp.）会直接产下发育成熟的幼蛙，几年前在印度尼西亚苏拉威西发现的大头蛙属新种（*Limnonectes larvaepartus*）则是目前发现的唯一一种直接产下蝌蚪的无尾类。

但在找到直接证据之前，舌突蛙仍会牢牢守护它们的秘密，等待那个有心的幸运儿揭开谜底。

@齐硕

西藏舌突蛙的“舌突”

纲 两栖纲

目 无尾目

科 叉舌蛙科

属 大头蛙属

脆皮大头蛙

Limnonectes fragilis

在研习两栖爬行动物系统分类的过程中，吸引我的不只是它们千姿百态的样貌，其名称含义以及背后的命名故事同样吸引着我去追根溯源。

名字不仅是一个代号，更是一张名片。无论在任何语言中，给一个物种取名必定有它的缘由，或是基于外貌，或是基于分布，又或是来源于民间流传已久的称呼。在中文的命名体系里，除了那些来自古名沿用的名称外（如石龙子、玳瑁、两头蛇等），动物的中文正式名也多参考学名的命名规则。

“学名”这个词单指遵循双名法原则构成的拉丁文名，由属名和种加词组合成代表物种身份的唯一“ID”，也是唯一具有科学意义的名称。动物的科学命名规则一般会基于三点：一是以产地命名，一般取自物种的模式产地或更大

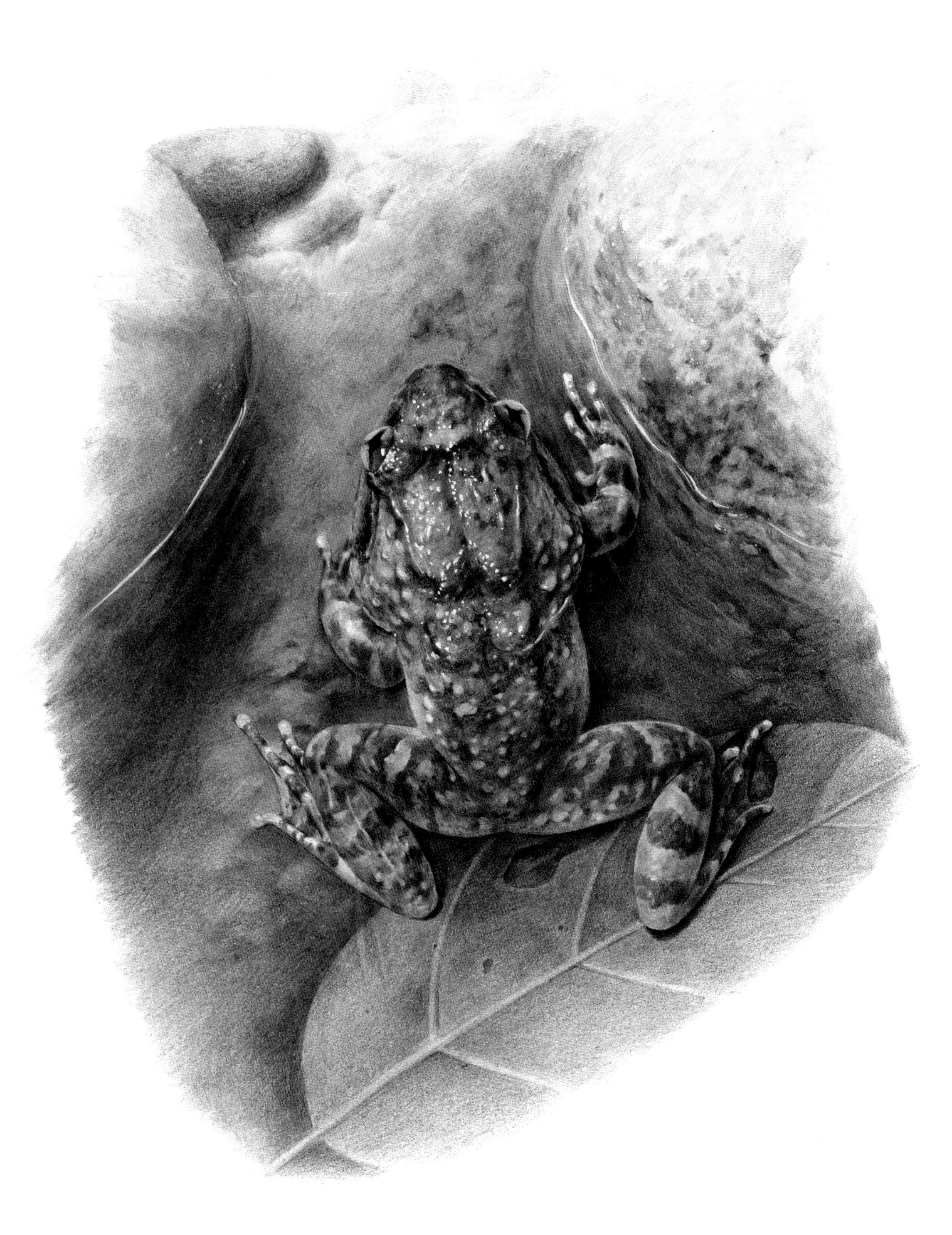

范围的地名，令人直观地了解到它们身居何方，栖息何处；二是以人名命名，被赠名人可能是模式标本的提供者，或是对该领域研究有突出贡献者，又或是命名人出于各种私人理由的赠名，是三个命名规则中最随性也是最具纪念意义的一种；三是以特征命名，包括形态特征或习性特征等，命名人会尽可能地以最简洁的文字涵盖物种最显著的特点。

讲了这么多引子都是为了对下面要介绍的主人公做铺垫，它有一个滑稽的中文名——脆皮大头蛙。

脆皮大头蛙仅分布于海南省，是我国的特有物种，喜栖于低海拔山区平缓水浅的溪流内，硕大的头颅和头顶两道凸起的纵棱令它们能轻易区别于海南所产其他蛙类。我第一次见到这个名字是从《中国动物志·两栖纲》的目录中，甚感滑稽之余又觉疑惑，身为两栖类的它理应皮肤柔软、湿润，与“脆”字所体现的坚硬、干燥完全搭不上关系。在好奇心驱使下的我去翻看了正文，才得知是因其活体标本及液浸标本皮肤均极易破碎而得名。据说，该物种的模式标本采集人王宜生老师第一次采获此蛙时，由于用力过猛致使蛙皮破裂，露出了皮肤下肉粉色的肌肉。随后这批标本交由我国两栖爬行动物学研究奠基人刘承钊先生进行研究，他便以此特点将这种在当时还尚未被科学描述的蛙命名为脆皮蛙（*Rana fragilis*），种加词“*fragilis*”即为“脆的”之意。

后来随着分类变动，脆皮蛙被易属至大头蛙属（*Limnonectes*），其中文名也就理所当然地被变更为脆皮大头蛙。相比“脆皮”而言，“大头”是更直观的外貌特征，这一性状在雄性中尤为突显。雄性脆皮大头蛙在完全成年之后枕部会如寿星公的额头一般凸出隆起，并随着年龄增长愈发明显，隆起的部分实际上是两块结实的肌肉，可以更有力地牵引下颌获得更大的咬合力。

可光有蛮力还不足以制服体型较大的猎物，而正如它们的英文名“fanged frogs”所表达的含义，着生于下颌前端的那对“尖牙”才是这类蛙的独门武器。所谓“尖牙”其实并非真正意义上的牙齿，而是颌骨的衍生物，准确来讲应该叫“齿状骨突”。借助这对“骨突”加持，大头蛙能更稳固地钳住猎物，将更大、更有力的猎物送入口中。目前人们在大头蛙的食谱中已经发现了各种各样的动物，包括无脊椎类、两栖类、爬行类以及小型哺乳类等，其中有一种分布于泰国的大头蛙还被观察到在水边伏击前来饮水的小鸟。

“骨突”不仅助力大头蛙成为饕餮食客，在必要时还能充当守卫领地或争夺配偶的格斗武器。大头蛙的交配与繁殖会选择在积浅水的水坑或水沟中进行，水深适宜、水流平缓的洼地在它们眼中是难得的稀缺资源，如若两只雄蛙看上同一处繁殖地，一场较量就在所难免。在开打之前，它们会先试探性地保持距离相互鸣叫，即通过声音判断对手的体型大小，倘若双方体型相差悬殊，较小的一方会识趣地退出这场斗争，若体型差距不大则正式进入战斗状态。与前文介绍的峨眉髭蟾不同，大头蛙的比武无关技巧，只是单纯的撕咬、角力，但这原始的方式出奇的高效，双方往往交手一个回合就能分出个胜负，极少出现缠斗的情况。

赢得斗争的雄蛙占领水潭中更好的位置，获得与更多雌蛙交配的机会，进而留下尽可能多的后代。这也符合“性选择”假说对大头蛙两性异形成因的猜测，即雌蛙有目的性地选择与更强壮的雄蛙交配，以获得身体素质更佳的后代。不过瘦小的雄蛙就没有繁育下一代的机会了吗？也不见得如此，人们观察到小体型的雄蛙发展出另一套策略，借自身娇小的体型混迹于雌蛙之内，待那些大块头雄蛙争斗之时伺机与雌蛙交配。“无间道”的剧情就这样在大头蛙的族群之中不断上演。

@齐硕

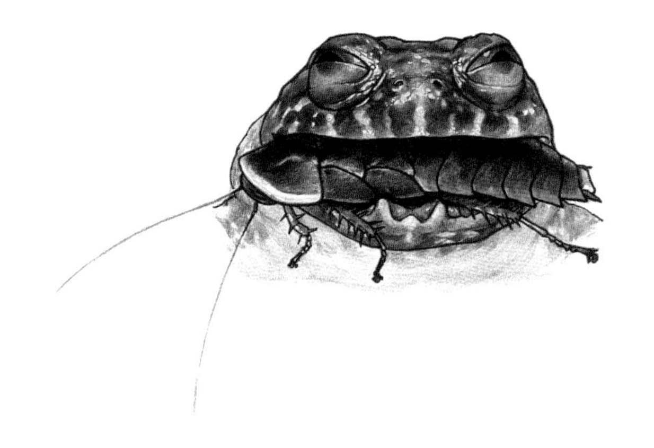

蛙类在吞咽猎物的时候经常会通过“闭眼”的动作，将口中的食物推挤进消化道

纲 两栖纲

目 无尾目

科 蛙科

属 蛙属

东北林蛙

LC

Rana dybowskii

说起“东北林蛙”这个名字，可能南方的读者有些陌生，但如果说起“雪蛤”或者“哈士蟆”，那就广为人知了，它们都是本文要介绍的主角——东北林蛙的俗称。

东北林蛙是林蛙中体型较为肥硕的一种，雄蛙体长一般超过5厘米。雌蛙体型更大一些，最大可达8厘米以上。它们背部多为红褐色、黄褐色或黑褐色，一些个体背部散布黑色圆点，腹面多为黄绿色，而股部为鲜红色。它们后肢粗壮，趾间的蹼较为发达，擅长跳跃和游泳。东北林蛙主要分布于我国东北三省及蒙古、俄罗斯、朝鲜。

东北林蛙之所以被称为“雪蛤”，并不是因为它们生存的地方终年积雪，而是它们出蛰很早，往往在3月底到4月初就能够在溪流里看到它们的身影，

那时候山沟里的雪还没有消融，它们却已经开始了一年一度的“生育大计”。东北林蛙之所以选择在这种春寒料峭的季节早早地繁殖，可能是因为在它们的栖息地往往还生存着黑斑侧褶蛙、东北粗皮蛙、东北小鲵等两栖动物，如果它们的蝌蚪在同一个时间段出现在同一片水域，那么东北林蛙的蝌蚪可能会被其他两栖类的蝌蚪“欺负”。为了避免更多的生态资源竞争，它们就采取了“错峰”繁殖的策略。繁殖季节结束之后，成体林蛙就会离开水源，到山区森林中生活；蝌蚪发育成幼蛙后，也会离开水体，追随父母的足迹进入林中，这也就是“林蛙”名字的由来。

东北林蛙在我国东北地区一直以来被作为经济动物半人工养殖。所谓“半人工”，是指饲养者往往承包某一片山地，人工建造一些池塘，春季吸引成体林蛙前来交配产卵，待卵孵化后，再通过投喂人工饲料、驱逐天敌等措施，提高蝌蚪的成活率。当蝌蚪发育成幼蛙后任其自由活动捕食，借此增加所承包区域林蛙的种群密度，最后在秋季采收成体。

我的故乡在辽宁东部，几乎每年秋季，我都会随家人驱车去山里游玩，一路上，可以看到很多沿河的山脚下都围着一尺来高的白色的塑料薄膜，这是东北山区独特的“风景线”，是用来收集秋季“下山”的林蛙的装置，在当地被叫作“旱亮子”。东北林蛙大多数时间是在陆地上生活，每年春季产卵过后就会离开水体纷纷上山，而到了深秋季节又会从山上下到溪流中度过寒冷而漫长的冬天。于是人们就利用它们的这一习性，在其下山的必经之路上布置围栏，趁机“收获”它们。此时的东北林蛙经过一个秋天的进食，储存了足够的营养迎接冬眠，所以个体较为肥壮。

东北林蛙全身都是宝，肉可供食用，由雌性林蛙的输卵管干燥制成的“林蛙油”更有软黄金之称。林蛙油的主要营养成分包括维生素、粗蛋白质和雌二醇等。因林蛙油具有一定的外源雌激素作用，适量服用确有延缓衰老的作用。

林蛙油虽然珍贵，但是制取林蛙油的过程却是比较残酷的，一般是将活体雌蛙用铁丝穿孔，晾干后从干燥蛙体提取，或者直接将活体林蛙剖腹提取，

而后者的人工成本往往更为昂贵。虽然前文中提到的这种“半人工”养殖模式在东北已有十分悠久的历史，但仍不乏一些利欲熏心的捕猎者，避开春天养育蝌蚪的辛苦，直接在深秋大肆捕捉成体林蛙，这样的行为，对野生东北林蛙的种群构成了持久的威胁。而随着消费群体日渐庞大，林蛙制品的需求量也日益增加，这种捕猎模式逐渐威胁到东北林蛙的野外种群。

在这种形势下，作为普通群众，我们虽然不能在短时间内直接阻止这种传统的利用模式，但是或许可以做到选择正规渠道销售的东北林蛙制品，拒绝购买野生林蛙来减少对自然资源的消耗。

@史静耸

抱对中的东北林蛙。
雄性比雌性瘦小一些

纲 两栖纲

目 无尾目

科 蛙科

属 琴蛙属

仙琴蛙

LC

Nidirana daunchina

1930年初夏，日本学者岸上谦吉在未经当时国民政府允许的情况下，私自率一队人马向川蜀进发，准备开展动物资源调查。此时正值“九·一八”事变前夕，日本侵略者对我国物产资源虎视眈眈，时任中国科学社生物研究所所长的秉志先生得知这一消息后顿觉来者不善，为防止川蜀大地珍贵的生物资源落入侵略者之手，遂命所内青年火速入川采集，势要赶在日本人之前刊布调查成果。很快，我们的研究人员满载而归，并迅速对调查结果进行了科学报道，用切实的科研成果打消了这些所谓“科学远征军”觊觎中华生物宝藏的念头。而那些日本人则在采集过程中处处碰壁，最终落得个客死异乡的下场。

当时赴川采集的队员中有一位名为张孟闻的年轻人，他承担了两栖爬行动物的采集与文章撰写工作，并将采集于四川峨眉山的一种蛙类描述为一新种，即“*Rana musica*”，他将其称呼为“乐声蛤蟆”。但很快，他发现这个名字已经被一种分布于北美的蛙类率先占用，遂于次年将其更名为“*Rana daunchina*”，“daunchin”源自“弹琴”一词的韦氏拼音，末尾的“-a”表示该词的词性为阴性，中文名取作“仙姑弹琴蛙”。再后来因为属级变动，其中文名最终被确定为仙琴蛙，而弹琴蛙一名则被安在分布更广的“*Nidirana adenopleura*”身上。

当初张先生之所以给它取“仙姑弹琴”之名的典故源自于此——相传唐朝时，峨眉山万年寺里有一位广浚和尚弹得一手好琴，每当他弹琴的时候，就连树林里的雀鸟、池塘里的青蛙也都停止了鸣叫，静静地欣赏这优美的琴声。有一年，大诗人李白云游峨眉山，路过万年寺时，也被广浚和尚的琴音所吸引，此后日日听其弹奏，久而久之两人也结下了友谊，临别时李白不忘赠诗一首：蜀僧抱绿绮，西下峨眉峰。为我一挥手，如听万壑松。客心洗流水，余响入霜钟。不觉碧山暮，秋云暗几重。

借着李白的“东风”，广浚的名气也越来越大，前往万年寺听他弹琴的文人骚客络绎不绝。一日黄昏，广浚同往常一样练琴，见一绿衣女子倚在门外听琴，遂问她是哪家姑娘，家在何处？姑娘答曰：“我家就在寺旁，自幼喜欢弹琴，想得到师父的指点。”从那以后，每当和尚弹琴时都会有一绿衣姑娘在一旁听琴。再后来，广浚和尚圆寂，但每到黄昏时分，寺里的和尚依然能听到有琴音传来。几个好奇的小沙弥决定到听琴台一探究竟，只见那位绿衣女子正在教一众绿衣女子弹琴，她们见有和尚走来纷纷抱琴掩面向林中跑去，和尚们赶上前，只见她们跳入林中池塘不见了踪影。再定睛一瞧，只见一群青蛙正在池中鸣叫，那鸣声清脆悦耳，似玉振金声，又如初拨琴弦，人们方才明白，原来那绿衣女子是由青蛙化成，学得琴技后还不忘教给她的同族姐妹，“仙姑弹琴蛙”的名字也就由此流传下来。

鸣叫是蛙类重要的交流方式，关乎宣告领地、求偶繁殖、遇险警告等方面，但与传说不同的是，青蛙姑娘并没有鸣叫的能力，这种交流方式为雄蛙特有。很多种类的雄蛙还发展出薄膜状的声囊产生共鸣以让叫声更响亮，传播得更远。对于大多数蛙类而言，雌蛙会尽量选择叫声洪亮的雄蛙作为交配对象，因为声音的大小往往与体型呈正比，也可反映出良好的健康状态。但雌性仙琴蛙还有一套属于它们自己的独特标准，那便是通过声音辨别哪位郎君是“有房一族”。雄性仙琴蛙在繁殖期时会在水边泥地筑造一间“洞房”，“洞房”的户型大体分为两类：“懒汉”所建的巢好似一个泥坑，容身其中并没有什么遮蔽；而“精致男孩”则会在泥地挖出一个很大的空腔，但只保留很小的洞口，既能提高交配时的隐蔽性，又为后代提供了安全的育儿场所，因此成为琴蛙姑娘们更为青睐的“户型”。那么当“懒汉”与“精致男孩”同时鸣叫时，琴蛙姑娘该如何分辨呢？区别就在蛙鸣因洞构造不同而产生的声谱频率差异。研究显示，洞口越小，蛙鸣频率越低；洞越深，则蛙鸣更悠长，雌性仙琴蛙便以此为考量标准选择心仪郎君。

琴蛙属是个多样性被忽视的类群，借助分子生物学的飞速发展，近年来国内学者发表了许多形态特征近似的隐存种。而最早命名仙琴蛙的张孟闻先生可能不会想到，仙琴蛙是该属第一个被中国人命名的物种，而他更想不到的是，80多年后，一批后辈会用他的名字命名另一种琴蛙——孟闻琴蛙（*N. mangveni*），以纪念他在中国动物学及生物科学史研究上的重大贡献。

@齐硕

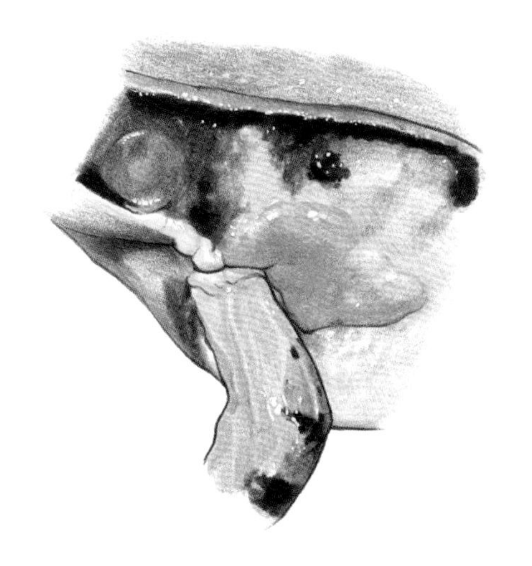

肩腺是雄性仙琴蛙的第二性征，是一对位于雄蛙肩部后上方的扁平皮肤腺，其在繁殖期时尤为显著，但具体功能尚不得知

纲 两栖纲

目 无尾目

科 蛙科

属 臭蛙属

务川臭蛙

Odorrana wuchuanensis

2018年8月的一天，刚刚结束野外工作的我正准备开始享受惬意的午间时光，一阵来自微信的“图片轰炸”打破了此刻的宁静。我的几位朋友于黔桂交界一喀斯特洞穴入口处拍摄到一种臭蛙，从形态及色斑上看与罕见的务川臭蛙十分相似，但在没有亲眼见识标本的前提下不好妄断结论，只好托付朋友帮忙采集一些组织样本以进行进一步的比对研究。

两天过后，朋友传来消息，由于连夜下雨导致地下河河水暴涨，原本外露的洞口已完全淹没于河水之下，此前活动于洞口周围的臭蛙也不见了踪影。虽然没有获得标本，但通过查阅文献，我了解到此前在黔桂交界一带的喀斯特溶洞确有务川臭蛙的分布记录，最早记录见于一部对于该地区的《喀斯特森林考察集》，此书出版时距务川臭蛙发表仅过去四年，但由于那个年代信息获取不易，这笔记录也就一直被湮没，直至近几年才见有人提及。

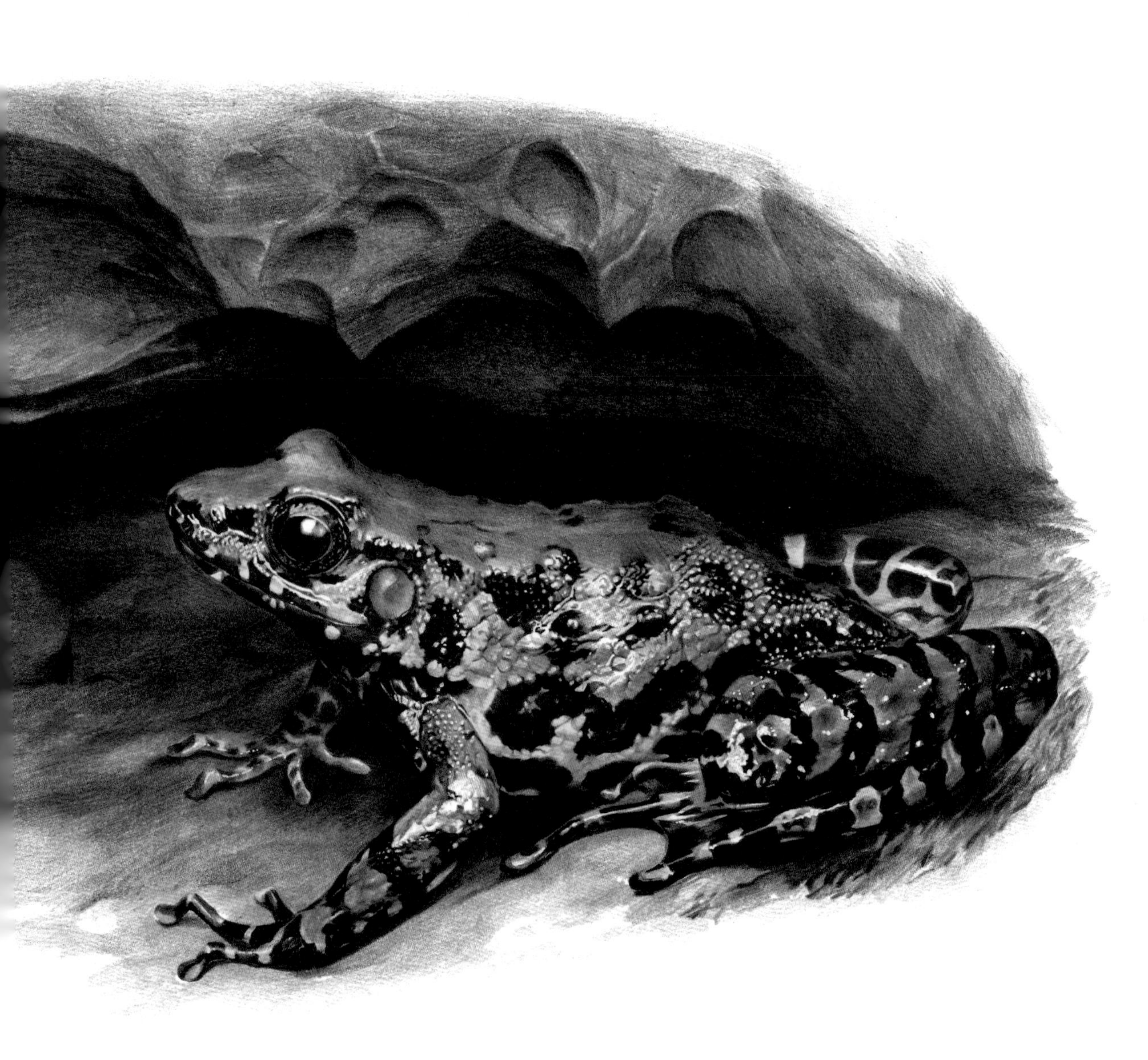

务川臭蛙得名于其最早发现地——贵州省东北部的务川县，自20世纪80年代被发现以来，已知的分布地不足十处且专一性地栖息于地下溶洞，一度被世界自然保护联盟和中国物种红色名录评估为“极危”（CR），但随着野外调查的深入，先后又于贵州南部及湖北西部发现其新分布地，对其受威胁等级的评估也下调至“近危”（VU）。它们在臭蛙中属体型中等偏大的一种，雄性体长7~8厘米，雌性还要更大一些，有8~10厘米。背面呈绿色并杂以大块黑斑，腹面为深灰色与黄色交织而成的网状花纹。雄性于繁殖期时四肢及体后部生出的细密白色小刺也是其区别于其他种的重要特征。

臭蛙于我国已记录近40种，在蛙类中称得上是繁盛的一支，它们多生活于山区近溪流处，夜晚活动于溪边多苔藓石块环境，以各种小型无脊椎动物为食。在它们之中，仅知务川臭蛙和荔浦臭蛙生活于不见天日的地下溶洞内，仅偶尔循着月光前往洞口附近活动，过着隐居的生活，而至于它们的祖先为何选择溶洞作为栖身之所，目前尚且不得而知。

我猜相比臭蛙是为何来到溶洞定居，大家更感兴趣的应当是“臭蛙”这个奇怪名称的由来。臭蛙平时并无臭味，只有在被抓捕时才会分泌具有难闻气味的黏液。不同种类的臭蛙分泌出的黏液气味也有所不同，以我个人之所闻所见，属花臭蛙和绿臭蛙的味道最令人难以接受，犹如腐烂的大蒜气味；大绿臭蛙稍好，为淡淡的土腥味儿；竹叶蛙最淡，如青草混杂泥土的气味。当然，对气味的感觉与形容因人而异，况且同一物种在不同环境下分泌的黏液味道也不尽相同，因而在此仅表达个人感受。

除了黏液的气味令捕食者作呕外，其中蕴藏的毒素也是臭蛙另一大防卫法宝。南方一些地区的人们常将水田里绿色的侧褶蛙称为“青拐”，将溪流里疙疙瘩瘩的棘蛙称为“麻拐”，而将臭蛙一类称为“辣拐”，这种独特的辣味来自于臭蛙体表腺体分泌的特殊化合物，这种物质对人并无明显影响，但对于多数两栖类可谓剧毒。我们在野外采集标本时，绝不可将臭蛙与其他蛙类放置于同一容器内，臭蛙分泌的黏液会将容器内的其他蛙类毒杀，甚至将臭蛙单独放

VU

置于密闭容器内时，也可能被其自身分泌的黏液毒害致死。

除了对付捕食者有一套手段外，对于那些看不见的敌人，臭蛙的防御依旧牢不可破。两栖动物体表没有角质鳞甲的保护，娇嫩的皮肤便成为抵御外界侵害的第一道防线，在枯枝乱石间腾挪，难免会有小擦伤，但很少见到蛙类因此出现感染、发炎的情况。人们对其体表分泌物的研究发现，它们体表腺体可分泌多种生物肽，尤其以各种生物抗菌肽的含量最高。目前已从各种臭蛙的皮肤中获得近千种生物抗菌肽，约占自然界已知天然抗菌肽的三分之一，这显示臭蛙可能是抗菌肽多样性最为丰富的类群。在抗生素被过度使用的今天，臭蛙皮肤中的奥妙可能会是人类未来迎击“超级细菌”的制胜法宝。

生物多样性是一座充满各种未知的宝库，倘若一个物种消失，我们便再无机会探索其万般奥妙，这也是保护生物多样及其潜在价值之意义所在。

@齐硕

务川臭蛙（*Odorrana wuchuanensis*）

大绿臭蛙（*O. graminea*）

黄岗臭蛙（*O. huanggangensis*）

鸭嘴竹叶蛙（*O. nasuta*）

臭蛙属部分物种的头部对比

纲　两栖纲

目　无尾目

科　树蛙科

属　棱皮树蛙属

背崩棱皮树蛙

Theloderma baibungense

正所谓“小隐隐陵薮，大隐隐朝市”，努力让自己在环境中不那么显眼是许多挣扎在食物链底层动物的生存之道，各种棱皮树蛙便深谙此道。

棱皮树蛙属的物种广泛分布于南亚、东南亚及我国华南等地的热带、亚热带地区，现已知26个物种，属内具有较大的形态分化，主要体现在体型、体色和皮肤质地上。它们中有的体表极为粗糙，多疣粒和肤棱，常模拟苔藓或树干的颜色质地而隐匿于环境之中，比较有代表性的是俗称“苔藓蛙”的北部湾棱皮树蛙（*Theloderma corticale*）；有的种类体表近乎光滑，要不是有分子遗传证据的佐证，人们很难相信它们能与各种棱皮树蛙归为一类；还有几种被人昵称为“鸟屎蛙”的小型棱皮树蛙，它们的体表相比“苔藓蛙”光滑许多，但仍有大大

小小的疣粒布满全身，之所以获此称呼是源于其配色宛如一坨新鲜的鸟屎，背上和腿上的白斑如画龙点睛般地模仿出了鸟类粪便中白色尿酸的特征。

在几种“鸟屎蛙”之中，要属背崩棱皮树蛙（*T. baibungense*）体型最小，最不易被捕食者察觉。西藏墨脱县背崩乡的低海拔地区是背崩棱皮树蛙目前已知的唯一分布地，印度洋温润的暖湿气流以雅鲁藏布江作为水汽通道逆流而上，遇到喜马拉雅山脉阻挡后凝结成雨，滋润着这片雪山下的亚热带季雨林，令其成为整个墨脱，乃至整个藏东南树蛙多样性最高的地区。

成年雄性背崩棱皮树蛙体长仅有1.5厘米左右，还赶不上许多树蛙的幼体大小，成年雌性稍大一些，体长2.5~3厘米。比“装屎”更强的，是它们“装死”的本事，当遭遇危险时会紧闭双眼，蜷缩四肢于体下似僵死一般紧贴叶片之上，倘若此时你将它肚皮朝上翻个面，它依然会似襁褓中的婴儿一般保持此姿势直至警戒信号消除。

棱皮树蛙普遍存在一种与众不同的繁殖方式，它们多将卵产于树洞内，靠洞内所积的雨水发育，当卵发育为蝌蚪后，腐败落叶和积水中的蚊虫幼虫即成为其食物来源。背崩棱皮树蛙对产卵地的选择更为挑剔，专门在有虫蛀或破损的竹子中产卵，但也并不是所有有洞的竹子都适合它们栖身，背崩棱皮树蛙会选择孔洞位于竹节上方不远处的竹子作为最佳产卵地，这样所积雨水既能有一定深度又不会影响成蛙出入。竹洞是天然的庇护所，不必像其他蛙类一样自出生以来即暴露于捕食者的视线之内，但这种保护是以牺牲后代数量作为代价的，竹洞受内空间和食物限制，背崩棱皮树蛙每次产卵数量不足10枚，或许这也是它们令人难得一见的原因。

有些可笑的是，我曾欣喜地以为自己见到了传说中的“背崩鸟屎蛙”，却不曾想闹了个“乌龙”。一次在背崩乡的考察中突遇阵雨，我躲进矮树丛试图寻得一丝庇护，没想到我的到来引发了一阵不小的骚动，不少躲藏于树叶背面的小树蛙四散奔逃。我用手拦住一只蛙的去路，捧到面前仔细端详，看这配色，这质感，不就是传说中的“背崩鸟屎蛙”吗？一般来说，棱皮树蛙不会像其他蛙

NE

感觉到威胁后伪装成鸟屎的
背崩棱皮树蛙

类一样大量集群，还不曾听说有人一次遇到这么多背崩棱皮树蛙。带着疑问，我把当日所拍的照片传给一位野外工作经验丰富的朋友看，他指出这些都是吻原指树蛙（*Kurixalus naso*）的幼体，这两种蛙在幼体时期十分相似，非常不易区分。更绝的是，我在同一片树丛中还找到一种因模拟鸟粪而闻名的曲腹蛛（*Cyrtarachne* sp.），一片不大的区域竟能找到3种拟态粪便的动物，使我相信这种略显不雅的拟态行为确实是一种高效的防御手段。

人们在了解遗传变异和自然选择之前，往往把这类看似难以解释的拟态行为视作造物主的神迹，但在适者生存的法则下，生物体在自然选择下的演化历程便是最伟大、最精彩的神迹。

@齐硕

NE

吻原指树蛙（*Kurixalus naso*）的成体与幼体对比，可见幼体吻原指树蛙的色斑模式与成体完全不同，而与背崩棱皮树蛙十分近似

纲 两栖纲

目 无尾目

科 树蛙科

属 树蛙属

黑蹼树蛙

LC

Rhacophorus kio

说起黑蹼树蛙，也许大家有些陌生，但是如果提起它的近亲——“华莱士树蛙”，那就广为人知了，因为它的身影时常出现在各种科普读物和热带雨林主题的纪录片中，以其宽阔的手掌、脚掌和擅长滑翔的“特技”而家喻户晓。“华莱士树蛙”的中文正式名称为“黑掌树蛙”（*Rhacophorus nigropalmatus*），源自其呈黑色的手掌和脚掌。因英国博物学家、生物地理学之父阿尔弗雷德·华莱士（Alfred Wallace）早在1869年就在其书中提及这种具有滑翔能力的奇异蛙类，后人便在命名时将该种的英文名取做“Wallace's flying frog”，以此向这位与达尔文齐名的生物学巨擘致敬。

本文介绍的是“华莱士树蛙”在中国境内的“近亲”，叫作“黑蹼树蛙”。名字与“黑掌树蛙”仅一字之差。黑蹼树蛙与黑掌树蛙外观相似，体表多为纯绿色，手掌和脚掌宽大，蹼以黑色为主，区别在于，黑蹼树蛙腋下有一块明显的黑

斑，而黑掌树蛙一般没有，且黑蹼树蛙的手掌和脚掌比黑掌树蛙略小一些。

与“黑掌树蛙”一样，黑蹼树蛙也是滑翔高手，它们的运动不局限于攀爬和跳跃，当它们从高处一跃而起的同时，会张开手掌和脚掌，手蹼和脚蹼同时展开，就像是撑开了四面宽阔的伞，有效增大了空气的阻力，原本它们跳跃的距离十分有限，不会超过1米，但借助这种滑翔的动力，它们可以“飞”出十几米甚至更远。

在热带雨林中，会“飞”的两栖爬行动物似乎并不罕见，飞蜥和金花蛇借助肋骨滑翔，树蛙借助手脚上的蹼滑翔，看似毫不相关的结构却不谋而合地发挥了相同的作用，这在生物演化中称为“趋同”现象。这种趋同演化，使得它们在热带雨林中拥有了更大的活动范围，为它们的生存、捕食以及生息繁衍、扩散提供了更多的可能。人们造出滑翔机和飞机，用以征服天空，而自然界“滑翔机”的出现，比人造的滑翔机早了不知几百几千万年。

黑蹼树蛙主要栖息在海拔1000米以下的热带雨林环境中，雨季的夜晚是它们最活跃的时候。黑蹼树蛙的繁殖季节是一年中的5~6月，雄性树蛙在繁殖季节会聚集在水塘周围，发出“歪”“咕”的响亮叫声。与大多数树蛙一样，黑蹼树蛙会将卵产在水面上方的树叶上，蝌蚪孵化出来之后就会落入水中。

黑蹼树蛙在国内分布于云南、广西；国外分布于老挝、泰国、越南等。如今，为了获得更多的商业利益，很多热带雨林被开垦成橡胶林，再加上水库的兴建，都极大地破坏了包括黑蹼树蛙在内的很多物种的生存环境。这种破坏看似影响不大，但最为关键的就是它们赖以繁衍生息的雨林间的水塘。很多两栖动物具有回归繁殖地的意识，每年都会回到它们曾经生活过的水源地繁殖，因此，一旦它们用以繁殖的水塘消失，它们就会在繁殖的季节迷失，因此雨林的破坏严重威胁了它们的繁殖。热带雨林的生态系统非常脆弱，人们砍伐树木、种植橡胶树都可能给热带雨林造成不可逆转的破坏，只有保护好热带雨林生态系统，保护好它们的家园，它们的种群才能够在这里延续下去。

@史静耸

黑蹼树蛙的头部特写

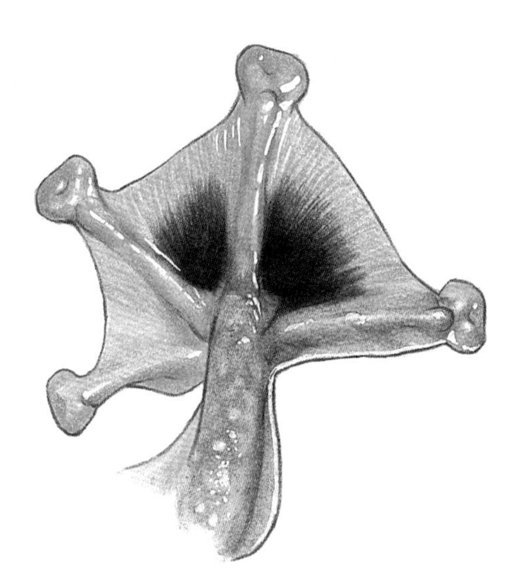

黑蹼树蛙的手部特写

扬子鳄（*Alligator sinensis*）

斑鳖（*Rafetus swinhoei*）

平胸龟（*Platysternon megacephalum*）

英德睑虎（*Goniurosaurus yingdeensis*）

黑疣大壁虎（*Gekko reevesii*）

桓仁滑蜥（*Scincella huanrenensis*）

脆蛇蜥（*Dopasia harti*）

鳄蜥（*Shinisaurus crocodilurus*）

裸耳飞蜥（*Draco blanfordii*）

新疆岩蜥（*Laudakia stoliczkana*）

西藏温泉蛇（*Thermophis baileyi*）

团花锦蛇（*Elaphe davidi*）

横斑锦蛇（*Euprepiophis perlacea*）

眼镜王蛇（*Ophiophagus hannah*）

红斑高山蝮（*Gloydius rubromaculatus*）

莽山原矛头蝮（*Protobothrops mangshanensis*）

爬行动物

A Hand-painted Notes of Endangered Amphibians and Reptiles of China

爬
行
动
物

A Hand-Painted Notes of
Endangered Amphibians and
Reptiles of China

纲 爬行纲

目 鳄形目

科 鼍科(短吻鳄科)

属 鼍属(短吻鳄属)

扬子鳄

Alligator sinensis

我国先民对扬子鳄的认识与记录可以说贯穿自新石器时代以来的华夏文明史，具体表现在器物、文字、书画等方面，甚至演变为一些宗族的图腾崇拜。在已知的考古发现中，其形象最早出现于河姆渡文化中的敛口钵堆塑，距今已有7000余年历史，而最早的文字记载可见殷商甲骨文中出现的“鼍”字。在此后的3000多年里，有关扬子鳄的形象与文字不断出现于各类典籍之中，在这些记述中虽有“能横飞”“能雾致雨”等不切实际的描述，但也确有很大一部分反映了扬子鳄真实的样貌与习性。

三国时陆玑所著《毛诗草木鸟兽虫鱼疏》，是一部专门对《诗经》所记载的动植物进行注解的著作。书中对扬子鳄有如下记述：“鼍形似蜥蜴，四

扬子鳄，民间俗称“猪婆龙”“土龙”，古时被人称为“鼍”，是我国现存唯一的鳄类，也是鼍科孑遗于旧大陆的唯一一种

足，长丈余，生卵大如鹅卵，甲如铠，今合药鼍鱼甲是也。”的确，对于第一次见到鳄鱼的人来说，很容易通过样貌将其与较为常见的蜥蜴联系在一起，做出诸如“形似蜥蜴”的判断，这种情况在东西方皆有之。16世纪，西班牙探险家初访佛罗里达时，将大沼泽中成群的密河鳄称呼为“el lagarte”，即西班牙语中蜥蜴的意思，后来这一叫法被沿用，并转为短吻鳄属的拉丁属名“*Alligator*”。转头来看扬子鳄的学名“*Alligator sinensis*”，“*Alligator*”意为“蜥蜴”，“*sinensis*”意为“中国的”，合起来便是“中国的大蜥蜴”，恰巧与我国古代对其“形似蜥蜴”的认识相吻合。“生卵大如鹅卵”“甲如铠”的描述也基本符合实际，唯一有失偏颇的是关于其体型“长丈余”的描述。需要特别说明的是，三国时期的一丈小于今日之一丈，约合2.42米，但即便如此这一数字仍大于目前所知扬子鳄的最大全长，相比之下，《尚书大传》所记“鼍状如蜥蜴，长六七尺”（合1.45~1.69米）则可信许多。

《本草拾遗》记：“鼍性嗜睡，恒闭目，在江案穴窟生活。”扬子鳄的“懒”是出名的，即便是处于夏季交配期，它们每日活动的时间也仅有2~4个小时，除求偶交配和必要的进食外，皆处于闭目酣睡的状态，这种“宅”属性有助于它们保持较低的新陈代谢率，尽量减少对能量和氧气的消耗。但扬子鳄也并非无欲无求，它们的一辈子过得都像个“房奴”，毕生所愿就是建立一座属于自己的地下宫殿，以在冬季来临时能栖身于此。挖掘洞穴是许多鳄鱼抵御不利环境之举，例如同样生活于温带的密河鳄也会挖掘洞穴过冬，非洲的尼罗鳄则以此方式度过旱季周期性的枯水期，但鳄族之中要属扬子鳄的洞穴最为幽长复杂。扬子鳄的洞穴临水而建，洞穴内的复杂程度通常与鳄的年龄呈正相关，年轻扬子鳄所建多为单门独户的简易洞穴，最长不过10米，而年长扬子鳄的复杂洞穴会有多条洞道纵横盘错，其内既有可供冬眠的干燥空间，又有终年积水的水潭，各个支洞联通多个洞口，深入地下3米以上，洞道长度之和最长可达30米以上。挖掘出这样一座地下迷宫可能会耗费数十年时间，或许可以认为这是一种关乎生存的执念。

“湖日似阴鼍鼓响，海云才起蜃楼多”。“鼍鼓”一词在古代诗文中出现多次，该词有两层含义：其一为字面之意，即用鼍皮所蒙之鼓，为古时一种打击乐器，《诗经·大雅·灵台》中描述了鼍鼓之声：“於论鼓钟，於乐辟廱。鼍鼓逢逢。蒙瞍奏公。”“逢逢”读音做“蓬蓬”，形容鼍鼓拍击之音。另一层含义则是指鼍鸣之声，南宋陆佃所作《埤雅》中有文：“今江淮之间谓鼍鸣为鼍鼓，亦或谓之鼍更，更则以其声逢逢然如鼓，而又善夜鸣，其数应更故也。”扬子鳄的吼声并不好听，是“轰”“轰”样的低音咆哮，有点近似猪叫，“猪婆龙”之名即由来于此。鳄鱼是如何发声的？这也是困扰学界许久的一个问题。若将鸟类这一“龙族后裔”排除在外的话，鳄类恐怕称得上当今唯一一类能够进行声音交流的爬行动物。早先的研究认为爬行动物均不具声带，只有鸟类演化出鸣管作为发声器官，但最近的研究显示，鳄类确有声带结构（vocal fold），且短吻鳄属物种尤为发达，令声音信号成为它们种群内必不可少的沟通方式。

扬子鳄在低吼求偶时会摆出这种昂首翘尾的姿势，低音的吼声还会令身边的水花发生共振现象

食鱼鳄科

鳄科

食鱼鳄科和鳄科的物种上下颚几乎等宽，因而在嘴巴闭合时也能看到上下交错的牙齿。而鼍科的物种上颚比下颚略宽，当它闭嘴时下颚的大多数牙齿会被上颚盖住

鼍科

“鳄鱼，其身土黄色，有四足，修尾，形状如鼍，而举止趫疾，口森锯齿，往往害人。”扬子鳄是我国现存唯一的鳄类，但大约于明代之前，我国岭南地区还生活着另一类鳄形目动物，它们大体与扬子鳄相近，能明显被人归为一类动物，但体型大小、样貌特征、脾气秉性等又与扬子鳄大相径庭，古人便称其为“鳄”以区别于“鼍”。相较鼍的驯良，鳄的性情暴戾恣睢，体型也大出两三倍，能食人畜，为害一方。从目前所掌握的证据来看，岭南之鳄应不止一种，但过去均被古人混作一类，以今之视角审视古代遗著再结合考古发现、地理生境等信息，大抵有活动于河流河口的切喙鳄和沿海的湾鳄两种，它们与扬子鳄同属鳄形目，但分别隶属于鳄科和鼍科。经过DNA分子钟推算，鳄科与鼍科在9300万年至1亿年前开始走向不同的演化道路，如

今在体貌特征上已经有了明显的差异，其中最显著的莫过于其吻长宽之比值。鼍科内的成员一般拥有短而钝的吻部，因此也被称为“短吻鳄”，而鳄科成员吻部大多尖锐狭长（西非侏儒鳄除外）。这种形态差异与食物选择紧密相关，如同老虎钳一样，短而钝的上下颌更利于咬碎坚硬的猎物，在扬子鳄的食谱中，田螺和河蚌占了非常高的比例，与扬子鳄同属的密西西比鳄也有捕食龟类的偏好，而吻尖而长的鳄类则更善于捕获灵活的猎物，又有食鱼鳄科的食鱼鳄发展为极度细长的上下颌，几乎只以鱼类为食。

古人对扬子鳄着墨之多与其曾经广布密不可分，结合目前的考古证据，至少在商周时期扬子鳄还广布于黄河中下游及长江中下游地区，若以如今的行政区划即遍及豫、陕、皖、赣、苏、浙、沪等省市。我有一位热衷研习商周史的朋友曾在河南安阳一老乡家中获得若干动物甲片，起初他以为是某种鳖类带有纹饰的骨板，后交由我鉴定为扬子鳄背部的骨板，是扬子鳄曾经生活于黄河以北实打实的证据。

在过去的几千年里，这种伴水而栖的大型爬行动物默默注视着中国大河文明的起源、发展与壮大，而它们自己却一度走向衰亡……伴随着自西周开始的气候转冷，长江以北地区逐渐不适宜扬子鳄生活，它们的分布范围慢慢向南退缩至长江中下游地区。而更大的考验来自近一百年，随着人口激增，扬子鳄所栖湖沼多被填为耕地，人鳄冲突也愈演愈烈。20世纪五六十年代，农民将扬子鳄视作捕食鹅鸭、洞穿圩堤的罪魁祸首，遂对其进行大规模猎杀，种群一度濒临灭绝。直到70年代起不断有政策法规出台禁止猎杀，又先后于安徽宣城和浙江长兴成立扬子鳄自然保护区，并实现了人工繁育。

如今，扬子鳄的人工种群数量已破万条，几乎已经没有亡族灭种之忧，如何重振野外种群才是现阶段的当务之急。幸得在多方努力下，扬子鳄已在安徽、浙江、上海实现野外放归，数量正在稳步回升之中，在扬子江畔守望千万年的鼍龙还会继续在这片土地上长存。

@齐硕

纲 爬行纲

目 龟鳖目

科 鳖科

属 斑鳖属

斑鳖

Rafetus swinhoei

物种的灭绝是令人难过的，它宣告生命之树上一条演化枝的终结，且不可复现。而比起灭绝更令人难过的是在人们注视下的灭绝，那感觉仿佛在紧盯深秋树梢悬着的最后一片枯叶，明知它注定会飘落，却一直怕看到它飞舞的影子。

自从“孤独的乔治”（Lonesome George）离世后，“世界最濒危龟类”的头衔落在了斑鳖的头上。斑鳖在民间俗称“癞头鼋”，这种大型鳖类的背盘长度超过1米，体重可达100千克以上，是当今世上最大的鳖科动物。它们全身散布细碎的黄色斑点，又尤以头部花纹最为鲜艳夺目，英国动物学家约翰·格雷（John E. Gray）夸赞其为所见类似龟类中最好看的一种。但似乎应了“红颜薄

“孤独的乔治”是一只雄性平塔岛象龟，自1971年被发现以来一直被认为是族群中最后一个个体。它曾是世界上最稀有的动物，也是加拉帕戈斯群岛乃至全球物种保护的象征之一。2012年6月24日，加拉帕戈斯国家公园发表声明，“孤独的乔治”已经死亡，至此平塔岛象龟宣告绝种

命”那句老话，现如今，斑鳖于世仅残存四只活体，一只无自然交配能力的垂暮雄鳖饲养于苏州动物园，另有三只成年个体分别生活于越南同莫湖（Dong Mo Lake）和春庆湖（Xuan Khanh Lake）的野外水体。

回溯历史，斑鳖在中国的土地上并非稀罕之物，它们的足迹曾广布于黄河、长江、太湖、红河等诸多水系，在台湾与澎湖列岛之间的水底沉积物中也曾发现其骨骸。南京“六朝遗址”的灰坑中就曾出土斑鳖的遗骸，与其一同出土的还有家畜骨骼、各种餐具等，可见斑鳖在当时常被作为长江沿岸居民的肉食来源。虽然受人类活动影响，长江流域的斑鳖野生种群于20世纪中叶绝迹，但直至20世纪七八十年代，云南红河流域仍然拥有数量可观的斑鳖种群，最近的

CR

野外记录距今也不过十余年之久。它们的消逝不仅仅要归咎于人为猎杀和栖息地的急剧丧失，一连串“乌龙”也耽搁了保护斑鳖的最后希望。

除斑鳖外，中国还分布有另一种巨型鳖类，那就是鼋（*Pelochelys cantorii*）。鼋在我国主要分布于华东、华南和西南部分地区，国外则广泛分布于东南亚诸国，它的体型略小于斑鳖，背盘接近正圆形，头小吻短，朝上的眼睛显得样貌滑稽，体色呈均一的灰褐色，并无斑鳖所具有的绚烂斑点，两者在外观上尚存不小的区别。

鼋之名源自古名沿用，最早的文字记录可追溯至殷商甲骨文中“鼋”字的原形，历朝历代各种典籍中也不乏其记载，古书中记载有：“鼋，大鳖也。”《尔雅翼·鼋》中也说：“鼋，鳖之大者，阔或至一二丈。”说明古人早已把鼋与鳖区别为不同的动物。不过，古人口中的“鼋”可能并非独指当今二名法中的“*Pelochelys cantorii*”，而应是对这类生于江湖的大型鳖类的统称。成书于东汉年间的《说文解字》中指出：“甲虫惟鼋最大，故字从元，元者大也。”由此可见鼋之名来源于其庞大的体型，而并非指背盘形状。另外，从出土的鼋象形器物中也能看出些端倪，铸造于商后期的“作册般青铜鼋”是一件刻有金文的器物，其形象为一身负数箭的大鼋，青铜鼋吻部前拱似猪嘴，与现今头小吻短的鼋差异明显，但符合斑鳖的形态特征。目前就斑鳖与鼋的历史分布、遗存化石、古籍或器物描述等方面的证据来看，学界倾向于历史上记载的“鼋”为斑鳖与鼋的共有称呼，但多指斑鳖。

如果说古名今用出现混淆还情有可原的话，那么现代生物命名闹出的“乌龙”就真可谓命运对它的捉弄。最早对斑鳖进行科学描述的人是前文提到的英国动物学家约翰·格雷，他于1873年将采集自上海附近的一号鳖类标本命名为“*Oscaria swinhoei*”，即斯氏鳖（斑鳖的曾用名），种名赠给该标本的提供者，英国驻华领事、博物学家郇和（Robert Swinhoe）。但由于指定的正模标本为一只亚成年个体，加之在其命名后不久有位法国传教士将采自上海、江苏周边的五只成体标本各自命名成五个新种，在这种不严谨的过度分类以及“大

斑鳖与鼋的头型对比图

虽然乍看之下斑鳖与鼋均是一副鳖的模样，但仔细观瞧即会发现它们二者在头型以及颜色方面皆有不小的区别，具体表现在吻突的大小、眼的位置、头长比例等方面

斑鳖的头

鼋的头

CR

者为鼋，小者为鳖”的传统认知影响下，同一物种的幼体和成体就这样被错误地当作数个不同的物种。时隔六十多年后，美国著名两栖爬行动物学家克里福德·蒲柏（Clifford H. Pope）在《*The Reptiles of China*》一书中又将斯氏鳖处理为中华鳖的同物异名，致使该物种在此后的半个世纪里都鲜有人提及。直到1988年，美国学者彼得·梅朗（Peter A. Meylan）和罗伯特·韦伯（Robert G. Webb）在对比多处骨骼特征后刊文恢复了斯氏鳖的有效性，并指出斯氏鳖与东亚所产所有鳖类均有不同，而与分布于中东地区的幼发拉底斑鳖（*Rafetus euphraticus*）最为接近，遂正式将其更名为“*Rafetus swinhoei*”，至此围绕在它周围的百年分类疑云才终于尘埃落定。

无论是中文名的混淆还是分类地位的变动，都直接影响了斑鳖的基础研究，为后续保护工作的开展造成诸多不便。而当人们开始意识到这场“乌龙”之时，几乎已经错失了拯救这个物种的最后时期，当时世界上已确定的斑鳖数量用一只手都数得过来。如今，中国的斑鳖繁育计划随着最后一只圈养雌性斑鳖的意外死亡而宣告终结，越南残存的三只野生斑鳖种群成为延续这一物种持续的最后希望。

似乎是风水轮流转，当斑鳖成了大红大紫的明星物种后，“抢走”斑鳖名号的鼋却好像在重走斑鳖的老路，在人们眼皮底下悄悄灭绝。人为捕捉、栖息地的丧失是我国30余种龟鳖动物所面临的共同困境，在人们全力拯救斑鳖的同时，也别忘了关心下它的难兄难弟，莫让斑鳖的悲剧在它们身上再度重演。

@齐硕

纲 爬行纲

目 龟鳖目

科 平胸龟科

属 平胸龟属

平胸龟

Platysternon megacephalum

在大家的固有印象中，龟类是一类行动缓慢、胆小怯懦的动物。的确，龟鳖类在演化之路上狂点防御技能而削弱了敏捷属性，在受到惊吓时，头颈、四肢和尾巴会本能地缩回壳内寻求庇护。依此特点，民间借以"缩头乌龟"来讽刺胆小怕事之辈。但在众多龟类之中，亦不乏身手矫健、凶悍无畏者，平胸龟就是这样一种与众不同的龟类。

平胸龟这个名称是多用于书面的正式中文名，民间则多称呼其为"大头龟"或"鹰嘴龟"。单从长相而言，平胸龟无疑是我国所产淡水龟类中最古怪的一种，头大且宽，头背和头侧覆以一整片角质盾片；长而弯曲的角质喙酷似鹰嘴，捕食时能有力地钳住猎物；背甲扁平，中脊有一条并不显著的龙骨突，这样

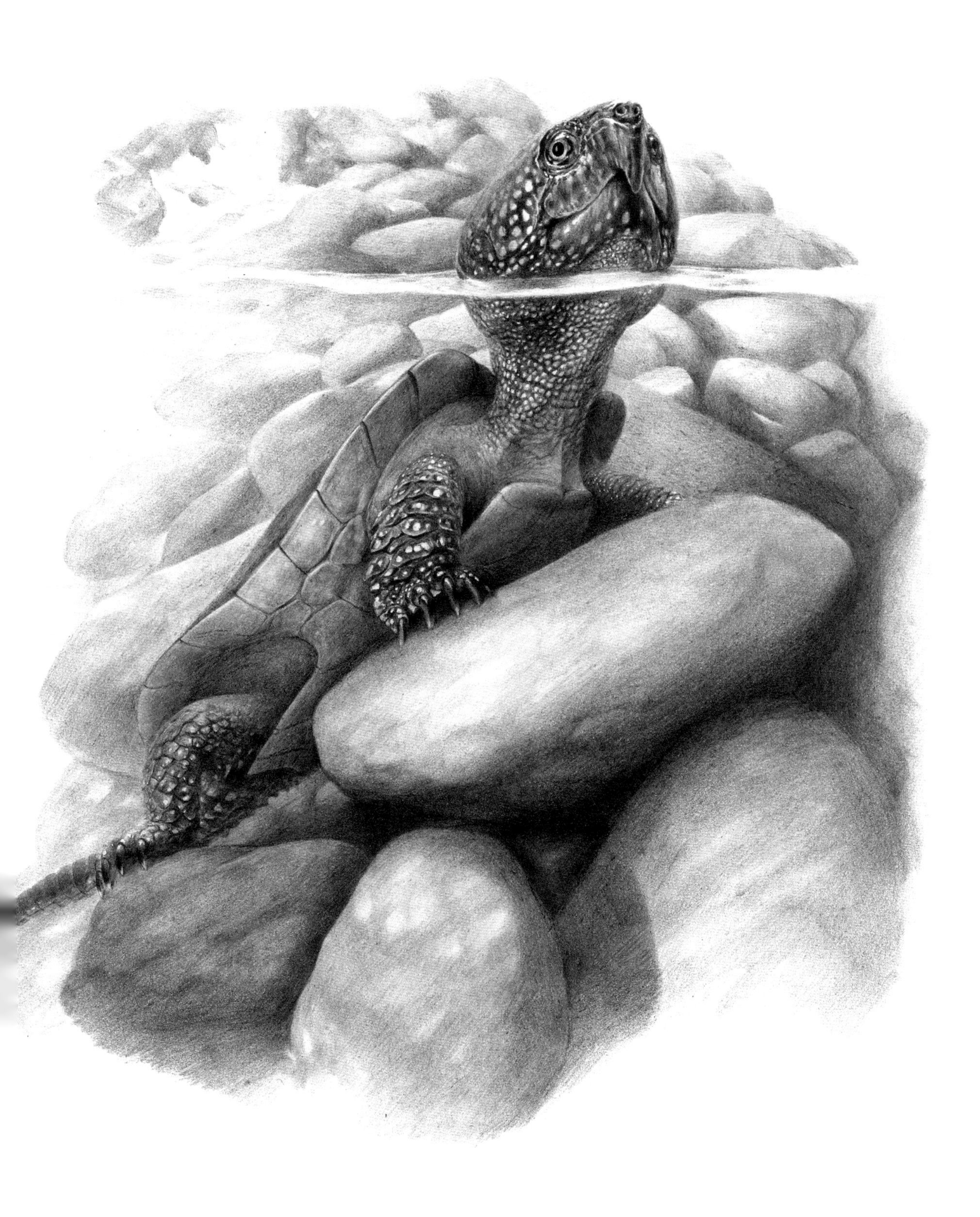

的形状有利于其在溪底快速活动，亦可方便其容身于溪底石砾缝隙内；尾巴几乎与背甲等长，其上环列矩形大鳞而酷似“龙鳞”，因而又被人冠以“鹰嘴龙尾龟”之名。

我国古代对龟类已有初步的认识，各类典籍中记述了各种各样的龟类，其中《山海经》中记载了一种名为“旋龟”的龟类：“怪水出焉，而东流注于宪翼之水。其中多玄龟，其状如龟而鸟首虺尾（虺尾锐），其名曰旋龟，其音如判木（如破木声），佩之不聋，可以为底。”依文中“状如龟而鸟首虺尾”的形态描述，“旋龟”所指很可能就是平胸龟。

平胸龟在我国广布于华南和西南地区，国外见于中南半岛诸国，其种下现已确认有3个亚种，各亚种间体型、体色略有差异。我国华南所产的指名亚种体型最小，背甲长一般不超过20厘米，体色多呈黄褐色、红褐色或灰褐色，幼体眼后有一镶黑边的浅色条纹，该特征会随年龄增长而逐渐不显。它们平日栖息于山区石多水急的浅溪中，喜凉畏热，白昼躲藏于水中大块砾石下，夜晚外出活动摄食，主要捕食水栖昆虫、螺类、甲壳类、鱼类及两栖类等。民间还流传有平胸龟上树捕食巢中幼鸟的传说，笔者虽对此存以怀疑，但平胸龟的确为龟类中少有的善攀爬者，早年文献中即有对其行动迅速、攀岩爬树的描述。在水中，尖锐的爪及短小有力的四肢能够抓紧砾石，得以稳步于激流，到了陆地上更是健步如飞，完全不是人们脑海中行动缓慢、笨拙的模样。

平胸龟头大而扁平，以至于在危急时刻无法将头缩入壳内，不过依它这暴戾的性格，想必无须甲壳的保护也能抵御敌害来犯。但面对盗猎者的捕捉，再暴躁的脾气也变得无济于事，一旦钻入埋伏好的捕龟笼便再难脱身，等待它的命运要么是成为刀俎上的冤魂，要么就是在狭小的饲养箱内静度余生。在新的生存压力下，它们急需人类给予比外壳更强有力的保护。终于，在2021年颁布的《国家重点保护野生动物名录》中，平胸龟的野外种群被列为国家二级保护动物，捕捉、运输、贩卖都将受到法律的严惩。

不得不说的是，单较野外数量而言，平胸龟的状况似乎稍好于我国所产的

EN

绝大多数野生龟鳖。原因可能有二：首先，平胸龟分布范围广泛且所栖的山涧溪流沟壑纵横，相对大流量的江河、湖泊更不易被人捕捉；其次，平胸龟对温度、水质敏感，人工饲养条件下不如其他龟类容易存活，因而相对少有人囤积炒作。

毫无疑问，这对平胸龟来说是个好消息，但也从侧面说明我国原生龟类的野生种群已全面逼近红线。在过去的几十年里，由于缺乏法律条款作为约束，中国一度成为世界最大的龟类贸易国，不仅国内野生资源几乎被消耗殆尽，诸多国家的野生龟类也被走私销往国内供肉食或赏玩。而与之形成鲜明对比的是养龟产业的蓬勃兴起，各种珍奇龟鳖的饲养繁殖难题被逐个攻克，就连曾经一度被认为灭绝的云南闭壳龟（*Cuora yunnanensis*）都已具有一定的人工种群规模。但无论再大规模的人工种群都难以弥补野生种群的空缺，与保护物种本身同样重要的是维系其在自然界的生态价值，而后者我们还将有很长很长一段路要走。

@齐硕

"鸟首鼬尾"的旋龟，说的很可能就是平胸龟

纲 爬行纲

目 有鳞目

科 睑虎科

属 睑虎属

英德睑虎

Goniurosaurus yingdeensis

鸟瞰中国南方山地，那一座座突兀于地平线的山峦便是喀斯特地貌的典型代表，亿万年风蚀水浸的雕琢令石灰岩山体表现出独特的嶙峋景观。这灵山秀水之间孕育出的奇妙动物也颇具灵气，它们或是有超凡缥缈的仙气，又或具备摄魂勾魄的妖气，总之有一股特殊的气场使之不落俗于凡尘，睑虎即属后者之类。

睑虎的“妖气”具体表现在形体与眼神上，瘦小的身躯搭配纤长的四肢，好似骨瘦嶙峋的“鬼魅”；红色、黄色又或绿色的虹膜，配上窄而竖直的黑色瞳孔更显邪气十足。而当我们摘下“有色眼镜”，睑虎实际上是胆小害羞的动物，白天躲藏于岩石缝隙、石灰岩溶洞等环境，直至夜幕降临才外出活动，活动范围也多在隐蔽处周围，当感到身处危险境地便大跨步地钻回巢穴。在外貌与习性上，睑虎与壁虎相近，但因具备可闭合的眼睑以及指、趾底面不具攀瓣等特

点而与壁虎明显地区别开来，两者分别隶属于壁虎下目（Gekkota）中的睑虎科（Eublepharidae）和壁虎科（Gekkonidae）。

睑虎属物种目前已知20余种，其分布范围涵盖亚洲东部琉球群岛至东南亚中南半岛北部地区，横跨中国、越南和日本三国。根据系统发育关系可将它们划分为4个种组（species group），分别是散布于琉球群岛数个岛屿的琉球睑虎种组，广东北部山区的英德睑虎种组，我国的贵州、广西以及越南有分布的凭祥睑虎种组，以及见于海南岛和北部湾地区的里氏睑虎种组。所谓种组其实是属内几个种的集合，它们因有相同的演化历史和相似的外貌特征而被人为地划分在一起，便于更系统地研究，也有利于分类检索的进行。

我目前正在研究的课题就是探究英德睑虎种组内部的物种多样性，英德睑虎种组目前包含了4个物种，分别是英德睑虎（*Goniurosaurus yingdeensis*）、蒲氏睑虎（*G. zhelongi*）以及近期才被命名的南岭睑虎（*G. varius*）和广东睑虎（*G. gollum*）。它们全部分布于粤北山区，以较少的肛前孔数量、呈贝壳状的指鞘等形态特征区别于睑虎属内的其他成员。读过前面“脆皮大头蛙”一文的读者应该对动物命名的3个命名规则有了初步的了解，在这里便遇到了绝好的范例。英德睑虎得名于它的模式产地所在地，广东省英德市；蒲氏睑虎则是纪念已故著名昆虫学家、中山大学教授蒲蛰龙院士；南岭睑虎的种加词“*varius*”意为“多变的”，以形容它身体背面样式多变，不甚规律的花纹；广东睑虎的种加词“*gollum*”取自《魔戒》系列小说中的人物名“咕噜”，原因在于它们都生活于阴暗的洞穴之中。

倘若在没有人为干扰的情况下，睑虎实际上是喀斯特山地的优势物种，处于食物链中的次底层，各种蛇类及小型兽类皆会将其作为食物。当面临危险时，它们也会像壁虎那样采取舍卒保车的策略，留下一条不停扭动的尾巴吸引捕食者的注意。失去的尾巴还能再次长出，只是再生尾的形态不如原生尾匀称，也缺少了漂亮、有序的白色环纹，取而代之的是不甚规则的蠕虫纹。

当它们面临更严峻的生存危机，断尾这招拙计就变得毫无用武之处。城

CR

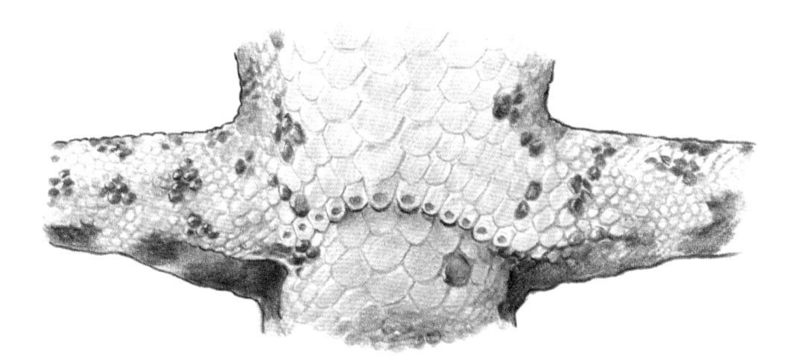

英德睑虎（*Goniurosaurus yingdeensis*）

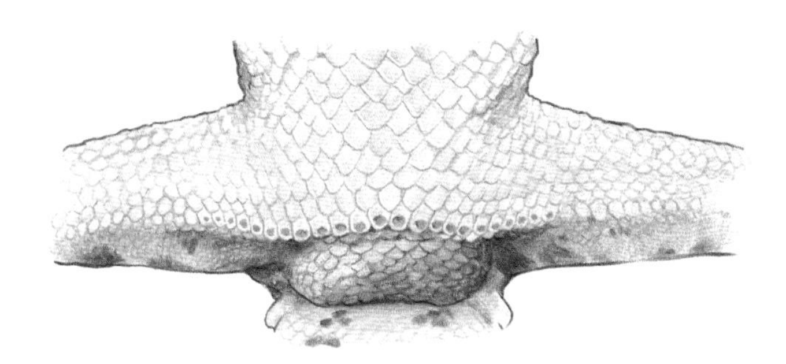

荔波睑虎（*G. liboensis*）

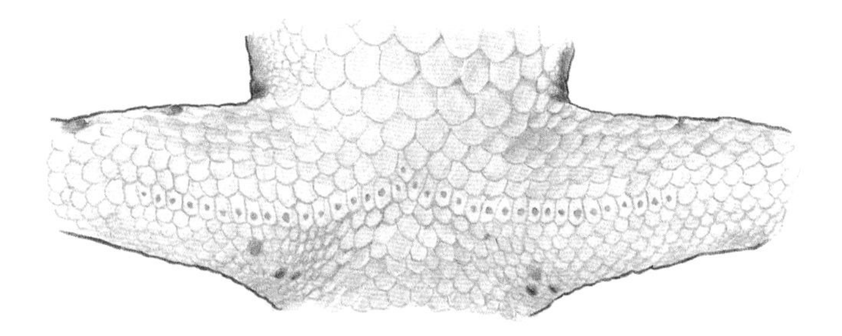

周氏睑虎（*G. zhoui*）

雄性睑虎泄殖腔前有一排小孔，被称为“肛前孔”，肛前孔数量的差异可用作鉴定睑虎种组（species group）归属的形态依据

在受到攻击时，睑虎的尾巴会在外力的作用下截断，截面的肌肉外翻，宛如一朵盛开的花朵。截断的尾巴在一段时日后还会长出，只不过其上的花纹变得凌乱，不再是规整的环纹

镇建设、矿产开发逐步将睑虎的栖息环境破碎化、孤岛化，在失去大量栖息地的同时各个种群间得不到基因交流，进而可能影响到种群健康，出现例如繁殖力下降、畸形增多等现象。虽然缺乏基因交流对睑虎种群的影响还有待研究，但来自人类的另一大威胁对睑虎种群的影响则是显而易见的。

长久以来，睑虎因其奇特的外貌和多样的花纹一直被视为宠物市场的宠儿，引得许多不法商贩对其进行扫荡式捕捉，有些盗采者甚至学会根据学术论文中提供的信息按图索骥，前往公开的分布地捕捉睑虎。由于盗采贩卖的猖獗，致使如今的分类工作者不得不斟酌是否应当在新种发表时给出具体的分布信息。更令人无奈的是，由于睑虎属内隐存种的频现与法律条规更新滞后的冲突，在过去很长一段时间里睑虎属内绝大多数物种不受国内外任何一条法律条规的保护，令盗采者与不法商贩有恃无恐。

似乎是为如今与睑虎结缘而埋下的伏笔，我曾参与过一项针对限制睑虎国际贸易提案的前期工作。当时我协助硕士导师整理、统计睑虎属各物种种群现状与贸易数据，为的是在次年举办的CITES大会上提交将该属物种列入《华盛顿公约》附录的提案，结束当下国际贸易不受管控的混乱局面。最终，在中华人民共和国濒危物种科学委员会和国际诸多力量的协同努力下，这一提案被大会通过，中国和越南所分布的13种睑虎及未来可能被发现的隐存种被顺利列入《华盛顿公约》附录Ⅱ。但遗憾的是，《华盛顿公约》只能对跨国贸易进行管控和制约，对于国内猖獗的捕捉、贩卖依然没有明确的法律条文加以遏制。终于，2021年颁布的新版《国家重点野生动物保护名录》将睑虎列为国家二级保护动物，而且为了防止将来的分类变动对执法造成影响，这次名录修订将睑虎科整体入保，免除了分类工作的后顾之忧。

我认识许多曾经饲养睑虎作为宠物的人，他们与我一样，内心被这类美艳神秘的动物所吸引，在占有欲的驱使下将其俘获于一尺见方的饲养盒内。虽然睑虎从此过上了衣食无忧的生活，也不必担心被四伏的猎食者所捕食，但离开了嶙峋的喀斯特群山，你还能看出它眼神所蕴含的英气吗？

@齐硕

纲 爬行纲
目 有鳞目
科 壁虎科
属 壁虎属

黑疣大壁虎

Gekko reevesii

说起我与大壁虎的第一次“邂逅”，可真的算是一次狼狈的经历。

小时候随母亲去药房抓药，从小就对各种小动物感兴趣的我被玻璃橱窗里堆放的各种动物药材所吸引，正当我全神贯注地观察时，猛地瞥到手旁有一副副狰狞的面孔正向我“张牙舞爪”，我吓得惊叫一声还急忙地后退了几步。缓了缓神，我决定壮起胆子仔细看看这些“小怪物”的模样，看它们的体态状如蝙蝠，但头的样子又好似蜥蜴，张开的大嘴和凹陷的眼球在昏黄的灯光下显得尤为恐怖，算得上是我的童年阴影之一。

这些“小怪物”实际上是大壁虎的干制品，俗称“蛤蚧”（gé jiè），是传统中医药中常用的一味药材。大壁虎经宰杀后去除内脏，四肢与躯干被交叉的细竹条直直地撑起，便成了儿时记忆中近似蝙蝠的模样。

如果细分起来，大壁虎目前所指为两个物种，一者为大壁虎（*Gekko gecko*），或称红疣大壁虎，广泛分布于东南亚国家，在我国仅少量分布于云南南部。另一者为黑疣大壁虎，主要分布于我国华南和西南部分地区，国外见于越南北部，一般入药的即为该种。

顾名思义，大壁虎给人的第一印象就是“大”，成年大壁虎全长可达30厘米以上，是亚洲体型最大的壁虎种类之一。但块头的增大并没有削弱它作为一只壁虎应具备的爬墙技能，在垂直的墙壁或玻璃上行走依旧畅快自如，壁虎之所以能够飞檐走壁，秘密就藏在它们的脚趾上。

与同样能攀附于光滑表面的树蛙不同的是，壁虎的脚趾上并没有吸盘，为它提供黏附力的是脚趾上的精细结构。借助于有极高放大倍率的电子显微镜，我们可以逐级感受到壁虎脚趾上的奥妙。壁虎的脚趾底面具有数道横向的攀瓣，每道攀瓣都由数以十万计的细微刚毛构成，而每根刚毛末端还分成了100~1000根更细的纤毛，这些细小的纤毛状结构大大增加了壁虎脚掌与物体表面分子间的接触面积。

说到这里就要引入一个中学物理课上所讲的名词——范德华力，范德华力又称为分子间作用力，是一种存在于分子间的电性吸引力。壁虎脚掌上微小的刚毛与墙面之间也能产生范德华力，虽然每根刚毛产生的力量微不足道，但累积起来就相当可观了。经过测算，一只重约300克的大壁虎每个脚掌的面积大约是227平方毫米，上面生有数以百万根刚毛，一只脚能够产生约4.9牛顿（可承重约500克）的黏附力，也就是说一只脚掌的吸附力就能承受壁虎自身的重量，这便是壁虎能够飞檐走壁的秘密所在。

大壁虎不光个头大，脾气也大得很，它的脾气在壁虎当中算得上是出了名的暴躁。雄性大壁虎具有强烈的领地意识，而繁殖期的雌性还有护卵行为，遇到来犯者常常会以命相搏，有时还会发出类似“嘎嘎”的叫声以示警告。大壁虎的鸣叫在其繁殖期时尤其响亮而频繁，古人便以它叫声的拟声词“蛤蚧”作为对它们的称呼，巧合的是，壁虎的英文“gecko”也是源于形容其叫声的南岛语系拟声词。

NE

如今，大壁虎对我造成的童年阴影早已散去，但它们却仍活在随时可能被宰杀的阴影之下。随着野外资源的日渐枯竭，我国已将其列入国家二级重点保护野生动物名录，现在药材市场上的大壁虎干制品多来自养殖场或是来自越南的野捕个体。

当濒危动物保护与资源利用被置于天平的两端，想让它向哪边倾斜，砝码掌握在我们每一个人手中。

@齐硕

大壁虎指腹面的攀瓣结构，每道攀瓣都包含无数的细小刚毛

纲 爬行纲

目 有鳞目

科 石龙子科

属 滑蜥属

桓仁滑蜥

Scincella huanrenensis

无论是滇螈还是斑鳖，也无论它们是否还生存在这个星球上，从一定程度上讲，它们都是幸运的，至少人们记得它们曾经来过。但更多濒临灭绝或灭绝的物种则“来之无名，去也无声”，仿佛生命之树的树梢又默默凋落了一片叶子，湮于尘土，无声无息。

在辽宁就有这样一种不起眼的小蜥蜴，名叫桓仁滑蜥。我猜绝大多数读者都没听说过这个名字，甚至连读音都不一定能读准，第一个字读作“huán”，桓仁是隶属于辽宁省本溪市的一个县城，桓仁滑蜥因产自这里而得名，并一度被认为是当地的特有物种，直到后来有韩国学者在朝鲜半岛也发现了它们的踪迹。

桓仁滑蜥身形修长，全长10~15厘米，四肢极为细小，体背覆有光滑的圆鳞，鳞片在阳光下泛着古铜色的光泽。虽称不上有多好看，但看它用四条小短腿拖着身躯爬上爬下的样子也是憨态可掬的。

自1982年首次被科学描述以来，国内学者对桓仁滑蜥的了解还处于分类描述与行为观察的阶段。为何对这一物种的研究停滞不前？原因很无奈，因为研究对象找不到了。

桓仁滑蜥喜生活于低山向阳面多灌丛石砾的斜坡之上，但随着农业开垦、村舍扩建等人为活动的加剧，原有的栖息环境早已面目全非，没有合适的藏身地，东北的冬天显得格外难熬。而把桓仁滑蜥逼上绝路的还不止于此，当地人将桓仁滑蜥唤作“金马蛇子”，当年不知哪个好事者称，将其作为药引可治疗癫痫、风湿、骨折等多种疾病，引得众多药商争相收购，村民们在农闲时会大量捕捉，随着野外资源日趋枯竭，价格自然水涨船高，2005年前后的收购价格就已达每条百元以上。

2017年，我曾专程前往桓仁县寻找这种“金马蛇子”。五月的辽东山区刚刚泛起春色，此时应是爬行动物求偶繁殖的旺季，我怀有一丝奢望能在这最早发现它们的土地上见到一些活的个体，但结果可想而知……通过采访问询我了解到该物种在当地已绝迹多年，文献中记述常有桓仁滑蜥出没的山底坡地早已被开垦为农田，建起了大棚，曾经的自然生境已满是人为活动痕迹。

结合以往野外的调查结果来看，桓仁滑蜥很可能已经在模式产地绝迹，但这类小型蜥蜴的实际分布往往不会只局限于一处。令人欣慰的是，2019年4月，我终于通过朋友提供的线索找到了桓仁滑蜥的另一处自然分布地，这里生态环境良好，也没有人为捕杀威胁，“金马蛇子”仍在辽东某条不为人知的山沟里自由繁衍。

桓仁滑蜥的遭遇并不是个例，它的邻居，当地人称为“石蛤蟆”的桓仁林蛙（*Rana huanrenensis*）境遇也同样悲惨。在东北，放养林蛙是许多山里人的营生，养殖对象多是个头大、产“油”丰富的东北林蛙（*R. dybowskii*），而体型只

CR

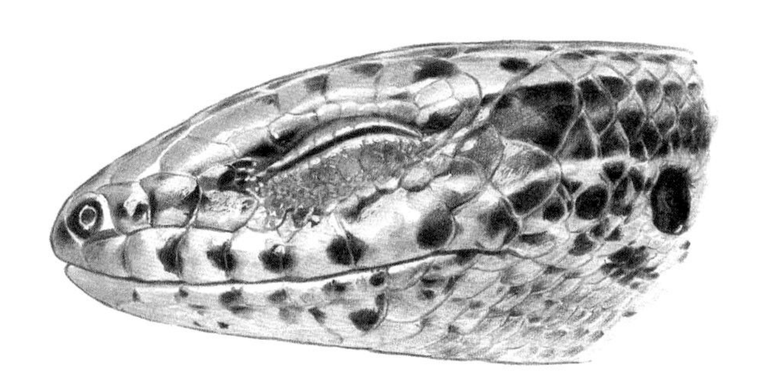

铜蜓蜥（*Sphenomorphus indicus*）的下眼睑被以细小鳞片

蜓蜥与滑蜥是石龙子科内比较容易混淆的两个属，两者之间的形态差异主要表现在睑窗的有无。睑窗指的是下眼睑上一块半透明的鳞片，利于在眼睛闭合的时候观察周围环境

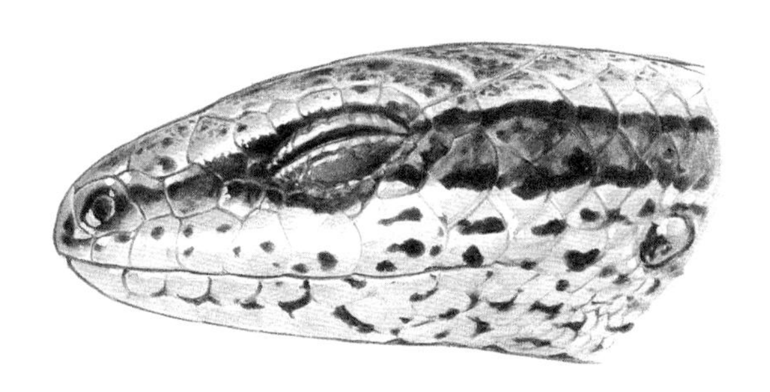

桓仁滑蜥（*Scincella huanrenensis*）的下眼睑具睑窗

有东北林蛙一半大小的桓仁林蛙则会被当作竞争者而遭到捕杀和贩卖，近年来种群数量持续下滑。

丰富的自然资源是地球赐予人类的宝藏，合理利用动植物资源能改善人类的生存质量。我国先民从很早以前就尝试将动植物入药以治疗疾病，但有些所谓的“偏方”效果甚微，甚至对人体还有毒害作用。由衷劝诫各位切勿盲目听信“偏方”延误治疗，莫让“偏方”成为将珍稀濒危动植物逼上绝境的“刽子手”。

@齐硕

纲　爬行纲

目　有鳞目

科　蛇蜥科

属　脆蛇蜥属

脆蛇蜥

Dopasia harti

若问大家蜥蜴与蛇的区别，我猜诸位定会首先想到蜥蜴有四肢，而蛇不具。的确，四肢的有无在经典分类学中是划分蜥蜴与蛇的重要形态指标，但凡事总有特例，下面要介绍的脆蛇蜥就是一种似蛇的无足蜥蜴。

脆蛇蜥隶属于蛇蜥科，脆蛇蜥属，该属于我国已知3种，除脆蛇蜥外还有细脆蛇蜥（*Dopasia gracilis*）和海南脆蛇蜥（*D. hainanensis*）。它们都是羞于露面的隐士，绝大多数时间穿行于深林地表丰厚的腐殖层下，捕食昆虫、蜘蛛、蚯蚓等小型无脊椎动物。在这3种中，以脆蛇蜥的分布范围最广，南方多个省区都有分布报道。成年脆蛇蜥全长可达50厘米以上，不过这其中的约五分之三是尾巴的长度，身体最粗处与成人拇指近似。身体颜色多呈黄褐色，其中雄性身体前段有数道蓝绿色横纹，在阳光下闪耀出金属光芒，甚是好看。

从外形上看，脆蛇蜥与蛇确实难以分辨，但仔细观察还是能发现诸多不同之处。首先，两者最明显的差异便是脆蛇蜥有可活动的眼睑，而蛇的眼睛被一层角质鳞所覆盖，并无可活动的眼睑；其次，仔细观察脆蛇蜥的头侧可以看到一个“小洞”，那是它的外耳孔，而蛇并无外耳，头侧完全被鳞片所包被；最后是尾长比例，对于蛇类而言，细长的躯干占身体的绝大部分，而脆蛇蜥则是尾巴的长度远大于身体长度，一般为头体长的1.5倍，同属的细脆蛇蜥尾长则能达到头体长的2倍以上。

至于脆蛇蜥为何像蛇一样舍弃了灵便的四肢，或许与它们活动于森林腐殖层下的生活习性有关。事实上，除脆蛇蜥外蜥蜴家族中还有多个类群出现了无足或肢体短小近似无足的种类，例如石龙子科的箭蜥（*Acontias* spp.），蠕蜥科的蠕蜥（*Anniella* spp.），鳞脚蜥科的澳东蜥（*Paradelma* spp.）等，它们虽然隶属于不同的科属，栖息环境也大相径庭，但同为地下潜行者。细长而光滑的躯体更有利于它们在落叶、泥土、沙粒间穿行，而本在地面活动自如的四肢反倒成为前行的阻力，最终在相似的选择压力下走上了与蛇类祖先相同的演化道路。

正因与蛇难以分辨，脆蛇蜥于民间多被称为“脆蛇”，该名称亦可见于明清两朝留存的典籍之中。明代谢肇淛撰的云南地方志《滇略》中有记：“脆蛇，一名片蛇，产顺宁大候山中。长二尺许，遇人则自断为三四，人去复续。”清代史学家陈鼎所著《蛇谱》是一部集合蛇类民间传说与见闻的典籍，里面有这样一段文字，“脆蛇产贵州土司中，长尺有二寸，圆如钱，嘴尖尾秃，背黑腹白，暗鳞点点可玩也，或白如银，见人辄跃起数尺，跌为十二段，须臾复合为一。不知者误拾之，即寸断，两端俱生头，啮人即毙。”清代诗人查慎行撰的《人海记》也有“脆蛇出昆仑山，闻人声即寸断，人伺其断钳取之，须寸各异处，待风干入药；若少顷无人声，寸寸仍续成蛇。”

总而言之，人们对脆蛇蜥的认识始终围绕在其“身体”易碎、易折的特质上，但掺杂了太多想象的元素，让人听起来玄之又玄。面临危险断尾逃生是很多蜥蜴擅长的把戏，脆蛇蜥更是深谙于此，遇到敌害威胁时尾巴可通过肌肉收缩而自行截断。前文提到脆蛇蜥的尾长可占全长的五分之三，故而令人误以为连同身体也一同折断，但截断后的尾巴无法再与身体续接，更不能独立长成不同的个体，至于“两端俱生头，啮人即毙”的说法无非是古人放飞想象力的臆语罢了。

断尾再生本是脆蛇蜥适应自然、规避敌害、险中求生的本能，却不曾想这种求生技能如今却给它们引来杀身之祸。从古至今，总有人用“以形补形”的朴素思想将脆蛇蜥视为促进断骨愈合的良药，或将其晒干炮制，又或配以药酒，无数脆蛇蜥就此沦为偏方中的冤魂。同样，穿山甲因善于挖掘而被用于药膳以“通乳”，蝙蝠因能翱翔夜空其粪便被称为“夜明砂”，雄虎因生猛强壮而被割去虎鞭供人“壮阳”……对于生活于21世纪的人们来说，明辨并拒绝“以形补形”“望文生义”的偏方，不仅是为自己的健康负责，也是放这些无辜动物一条生路。

@齐硕

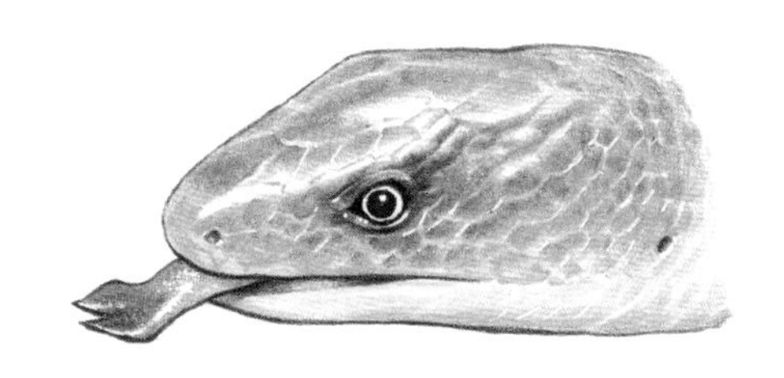

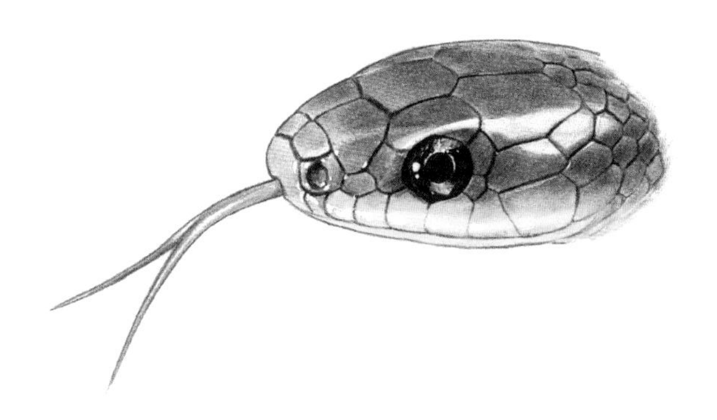

脆蛇蜥（上）与蛇（下）的舌头有明显的区别。此外，蛇蜥有眼睑而蛇没有可闭合的眼睑，外耳孔的有无也是显著的区别

纲 爬行纲

目 有鳞目

科 鳄蜥科

属 鳄蜥属

鳄蜥

Shinisaurus crocodilurus

1928年，一行由中德两国队员组成的考察队挺进广西大瑶山区进行生物资源调查工作。此时的大瑶山对于生物研究者而言还是一片充满未知的处女地，考察过程中所发现的各种奇花异草、珍禽异兽令队员们目不暇接。其中，有28条样貌奇特的爬行动物格外引人注目，它们形似蜥蜴，却长有一条似鳄鱼一般的尾巴，考察队员搞不清楚这些动物属何门类，便将部分标本交由德国学者恩斯特·阿尔（Ernst Ahl）进行进一步的对比研究。时隔2年，它们终于拥有了属于自己的名字——鳄蜥（*Shinisaurus crocodilurus*），学名种加词取自它鳄鱼般的尾巴，属名则献给时任中山大学生物系系主任兼本次考察队带头人——辛树帜教授。

成年鳄蜥全长30~40厘米，尾略长于头体。它们具有棱角分明的宽大头部，吻短而钝圆，整体看起来近乎方形。头顶覆有一层真皮骨板，体背有成排排

列的椭圆形棱鳞，尾巴两侧带有突出的脊状棱。体色多呈橄榄褐色或深褐色，自颈后至尾基部具多道深色宽横斑，尾部具环纹。雄性鳄蜥头腹面及体侧多呈红色，雌性腹面颜色略显暗淡，多呈黄白色或肉粉色，但也有少数雌性具备近似雄性的大块红斑。

都说鳄蜥与鳄鱼长相近似，像就像在它们都拥有一条侧扁且具脊状棱的尾巴。侧扁的尾巴是许多水栖或半水栖生物共有的适应性性状，在水中左右摆动时能提供更强劲的推进力。突出的脊状棱应为背部凸起棱鳞向尾部的持续延伸，装饰作用大于实际功能。乍一看鳄蜥、鳄鱼的脊状棱都是长着同一副模样，不过仔细端详，便能发现两者之间有着不小的区别，鳄蜥的脊状棱呈两列，直到接近尾末端时才趋于愈合，而鳄鱼的尾巴在靠近末端三分之一处就已愈合为一更发达的单脊棱。

鳄蜥是来者不拒的饕餮食客，于溪中或溪边生活的鱼、蛙、昆虫及环节动物均是它们食谱上的佳肴。溪流不仅为鳄蜥提供食物，也为它们提供了庇护所。鳄蜥生性慵懒，不爱活动，常伏于溪边树枝静栖，如若周围有捕食者或其他潜在危险，它们便径直落入树枝下的溪流中，在水中屏气数分钟直到危机解除。依据这些特点，当地人形象地称呼它们为“大睡蛇”“落水狗”。鳄蜥是如此喜水，就连交配繁殖也离不开水环境的滋润。春末夏初是鳄蜥求偶繁殖的季节，每当夜幕降临，雄性鳄蜥都表现得亢奋而好斗，同性之间常发生撕咬争斗。面对雌性时，雄性的求偶行为从频频点头示好发展为紧密追逐，具有繁殖意愿的雌性会响应雄性的追逐，最后双双落入水中完成交配。与那些交配后一两个月就会产卵的种类不同，鳄蜥妈妈的孕期长达9个月，腹中仔蜥还会与母亲一同经历近4个月的冬眠期，待到冬眠结束，大腹便便的雌蜥便爬入水中完成分娩，直接产下有独立生存能力的仔蜥。在爬行动物中，这种不产卵直接诞下幼崽的生殖方式过去被称为“卵胎生”，但现已划分到胎生的范围内。

在蜥蜴这个大类群中，鳄蜥的系统位置非常特殊，目前尚为独科、独属、独种，与现生类群之中的巨蜥科和婆罗蜥科构成姊妹类群。鳄蜥科约起源于

EN

距今5000万年前的始新世早期，目前已于美国和德国发现该科其他成员的化石。过去很长一段时间里，鳄蜥都被认为仅分布于广西金秀大瑶山地区，但伴随调查范围、力度的增加，先后于2001年和2003年在广东和越南北部发现鳄蜥新种群，且越南的种群还被划分为一单独的亚种。

自被初识至今已经过去90余年，鳄蜥的生存状态也经历了翻天覆地的变化。广西金秀县罗香乡龙军山是鳄蜥最早的发现地，但在1956年农业集体化以后，已被开垦为大片农田，此处的鳄蜥种群已不复存在。大瑶山地区虽还残存数个鳄蜥种群，但人类生产、生活难以避免地令它们的栖息环境破碎化、孤岛化。而在21世纪之前，科学界还未确定鳄蜥在广西之外的地区是否还有分布。在广东和越南种群的发现历程又牵出其面临的另外两个生存威胁：人为捕杀和宠物贸易。广东的鳄蜥在被学者发现之前，一直被当地人作为山珍野味食用，呼名“五爪金龙”，就连第一只标本也是在餐馆中找到的。越南的鳄蜥种群则被当地孩童捉来以“小鳄鱼”之名兜售给游客，或经走私进入中国成为某些“动物爱好者”缸中的玩物。

好在亡羊补牢为时未晚，自鳄蜥被列入国家一级重点保护野生动物名录之后，执法力度及普法宣教不断增强，现今已几乎没有人胆敢捕捉鳄蜥以食用，宠物贸易在近年来的执法重压之下也少有人铤而走险，新发现的鳄蜥分布地均已成为省级或国家级保护区，这些样貌奇特的鳞甲精灵仍然未来可期。

@齐硕

鳄蜥的尾巴（上）与扬子鳄的尾巴（下）十分相似

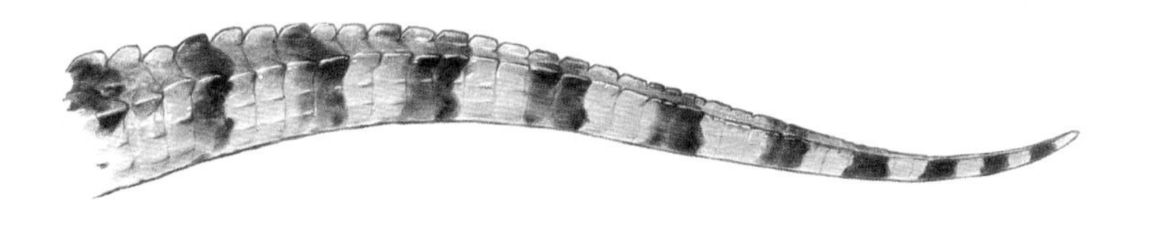

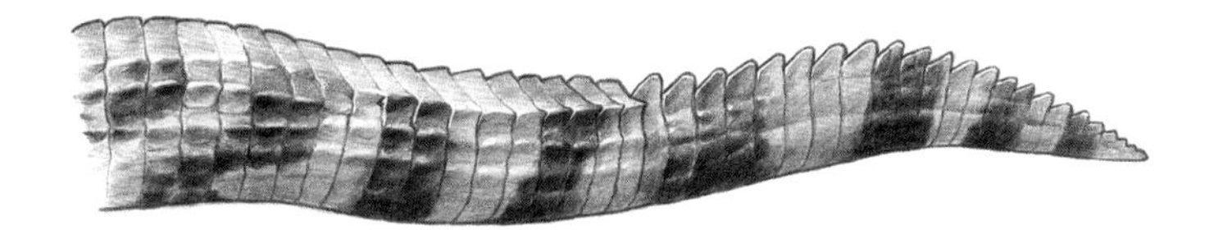

纲　爬行纲

目　有鳞目

科　鬣蜥科

属　飞蜥属

裸耳飞蜥

Draco blanfordii

飞蜥属属于鬣蜥科，本书中提到的岩蜥属也属于这个科。

飞蜥属的成员很多，目前已知有40余种，广泛分布于东南亚热带雨林中。我国分布的飞蜥有裸耳飞蜥（*Draco blanfordii*）和斑飞蜥（*D. maculatus*）两种，相比而言裸耳飞蜥体型较大，全长17~19厘米，在云南西双版纳较为常见，而斑飞蜥体型较小，全长约14厘米，主要分布于云南、海南和西藏等地。在这里我主要介绍裸耳飞蜥。

裸耳飞蜥，顾名思义，它们的鼓膜（外耳）裸露，没有鳞片遮盖。另外，裸耳飞蜥的眼睛很大，视力发达。它们体色多为暗绿色或褐色，皮肤的颜色深浅也会随着光照而改变。裸耳飞蜥的表皮粗糙且有黑褐色的斑点，匍匐在树上时，与树干融为一体，极难发现。雄性裸耳飞蜥喉咙处的皮肤松弛，略呈橘红色，可以在喉软骨的支撑下张开，既像船帆又像一面三角形的旗帜，这是雄性用来吸引雌性，同时向竞争对手示威的“招牌”。

当然，伪装并不是裸耳飞蜥唯一的绝技，更加引人注目的是它们的“飞行”能力。

虽然名字叫飞蜥，但它们并不会真的飞行，它们体侧的皮肤又薄又松弛，脊椎骨细长，体中段的肋骨明显特化，其中有5根肋骨极其细长，甚至超出了躯干的长度。同时，飞蜥背部的椎骨比颈椎和尾椎更细、更长，大大增加了相邻肋骨之间的间距，使得皮褶被撑开的面积大大增加。平时，肋骨和表皮像折扇一样收起，向后收拢，当它们准备“飞行”的时候，这些细长的肋骨在肌肉的牵引下张开，皮褶也随之展开，整个躯干就像滑翔机的机翼一样被撑开，借助空气浮力的作用，就可以在树梢之间长距离滑翔，从而大大增加了其在树林之间的活动半径。只不过，与其说它们是“飞行”，不如说是在树林间做短距离的“滑翔”。跟会飞的蝙蝠一样，飞蜥的这种松弛的皮肤也被称为“翼膜”，只不过，蝙蝠的翼膜是靠前肢和指骨支撑，而飞蜥的翼膜是靠肋骨支撑开来。

虽然说飞蜥是现生蜥蜴中为数不多的“滑翔健将”，但蜥蜴家族到底是从什么时候开始学会这项“特技”的呢？研究人员在辽宁西部的古生物化石群中发现了一件骨骼、皮肤保存十分精美的蜥蜴化石，将其命名为“赵氏翔龙”（*Xianglong zhaoi*）。赵氏翔龙的骨骼结构与现生的飞蜥十分相似，翼膜和细长的肋骨清晰可见，但背部的椎骨仍然保留着原始的状态，并没有像飞蜥那样特化成细长的形态。这说明，早在1.3亿年前的早白垩世，蜥蜴家族的成员就已经开始尝试“征服”天空。

裸耳飞蜥为卵生，雌性飞蜥每次产卵4枚左右。裸耳飞蜥在野外的数量并不稀少，然而，在当地有捕捉飞蜥入药的传统，所以它们的生存也受到一定的威胁。另外，由于它们独特的形态，吸引了很多爱好者捕捉和饲养，但因它们对环境空间的要求较大，所以大多数的饲养和繁育都以失败告终。其实，在野外欣赏它们才是更好的选择，毕竟只有自然界才是唯一足够它们自由“飞翔”的地方。

@史静耸

LC

飞蜥的喉部皮肤松弛，颜色鲜艳，在喉软骨的支撑下可以像船帆一样张开，用来吸引异性以及向同性示威

纲 爬行纲

目 有鳞目

科 鬣蜥科

属 岩蜥属

新疆岩蜥

LC

Laudakia stoliczkana

岩蜥，顾名思义就是喜欢栖息在岩石上的蜥蜴。它是鬣蜥科的成员，在我国主要分布于新疆和西藏。岩蜥家族一共包括十几个物种，它们体型都比较粗壮，很多种类成年体长可以超过30厘米，雄性往往比雌性体型更大一些。很多岩蜥颈部、背部、尾部都长有大小不同的刺。生活于荒漠地带的爬行动物多有此等粗糙的外表，目的在于减少水分散失。

岩蜥家族的不同成员体色有很大的区别，大多数都与它们所在的栖息环境相似，例如西藏东南部的吴氏岩蜥（*Laudakia wui*），因为它们栖息在灰黑色的岩石之间，所以体色以深灰色为主；而新疆岩蜥栖息在干旱地区的石头山中，山上的岩石大多是红褐色的，长满了淡黄色和橘黄色的地衣，所以它们的体色主要是黄褐色，背部黑色，带有橘黄色的横纹。

除了相对鲜艳的体色之外，新疆岩蜥的鳞片上还长有细细的棱角，头部两侧和颈部鳞片上长着一丛丛的刺，看上去有点像沙漠里的带刺植物，这让它们看上去多了几分威武。

新疆岩蜥主要分布于中国新疆南部塔里木盆地周围及吐鲁番、哈密一带，也曾被发现于新疆北部的阿勒泰地区。此外，在蒙古也有分布。科学家根据新疆岩蜥尾部环节的排列规律，将新疆岩蜥分为两个不同的亚种。分布于我国南疆的为指名亚种，尾部鳞片为每4环组成1节，多栖息于黄土及荒漠地带的胡杨林和梭梭丛中；分布于我国北疆和蒙古的为阿尔泰亚种，尾部鳞片为每3环组成1节，多栖息于岩石之间。这里我们介绍的新疆岩蜥是阿尔泰亚种。

在新疆北部的阿勒泰地区，新疆岩蜥主要分布于乱石丛生的荒山中，成年雄性新疆岩蜥的领地意识很强，一只成年雄性拥有面积百余平方米的“领土”。新疆岩蜥在晴天日出后即出洞活动，一般会先趴在向阳的岩石上接受数十分钟的日光浴，等身子暖和了再开始活动。对于一只成年的雄性岩蜥而言，每天的头等大事就是在自己的领土范围内来回巡视。雄性岩蜥在山间的石堆之间迅速地来回穿行，爬到高处俯视周围，寻找食物，同时观察四周是否有天敌或是其他雄性侵略者，每爬行几米，就会停顿下来，先是肚皮贴地，再用前肢支撑起身体，如此重复几次到十几次，做出类似“俯卧撑”的动作，如果此时有成年雌性岩蜥靠近，或者其他雄性竞争者出现在它的视野里，它的“俯卧撑”动作就会做得更加激烈。体型较大的岩蜥在广袤的戈壁乱石丛间来回穿行、巡视，颇有几分王者的姿态。

新疆岩蜥这种夸张的“俯卧撑”可能是为了向其他雄性竞争者“示威”，同时也向雌性岩蜥炫耀自己。新疆岩蜥一般在每年的5月份开始交配。当遇到“情投意合”的雌性岩蜥时，雄性岩蜥就会一边做俯卧撑一边追逐，进行“求偶”并交配。新疆岩蜥为卵生，雌性岩蜥在怀孕期间会通过日光浴来促进体内卵的发育。雌性岩蜥一般在7月产卵，产卵前，它们会在阴暗避光处挖坑，将卵产下后再用沙土掩埋。雌性岩蜥一次可产6~10枚卵，卵在8月下旬至9月上旬孵化。

LC

为了适应干旱的生活环境，藏身的洞穴对于新疆岩蜥来说是必不可少的。新疆岩蜥一般会选择在巨石下挖掘洞穴藏身。新疆岩蜥在挖洞时，会用头部拱土，前肢左右交替刨土，并用后肢将挖出的土推出洞外。

新疆岩蜥为杂食性，成年岩蜥主要吃植物的嫩芽、果实，也会捕食各种昆虫，而幼体和处于繁殖季节的成体则更倾向于吃昆虫等动物性食物。

和大多数岩蜥一样，新疆岩蜥的分布范围比较狭窄，虽然局部种群的数量相对可观，但由于一些人无根据地相信它们具有某些药用价值，而对它们加以捕杀。一旦种群遭到破坏，在短期内将很难恢复。所以建议大家拒绝消费野生动物药材，让新疆岩蜥的“王者风范”在这片广袤的土地上永远延续下去。

@史静耸

新疆岩蜥的头部、颈部和肩部都长有很多锥状鳞片，看起来跟岩石上的地表有几分相似，这可能会起到伪装作用

纲 爬行纲
目 有鳞目
科 食螺蛇科
属 温泉蛇属

西藏温泉蛇

NT

Thermophis baileyi

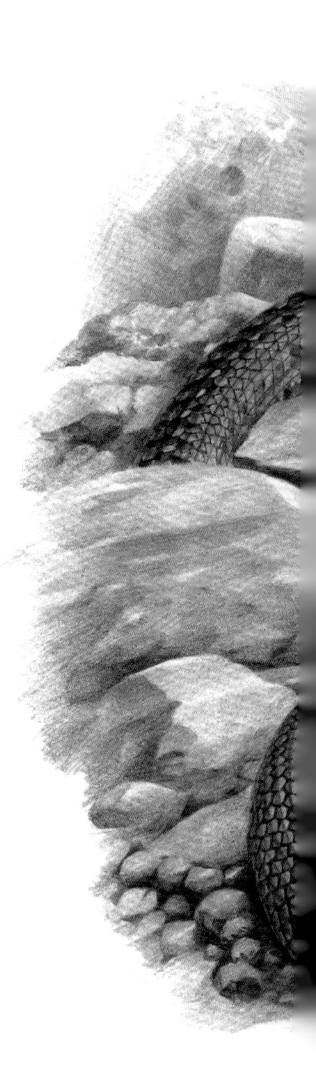

说起青藏高原，大家脑海中浮现出的往往是巍峨的群山、连绵的雪线、成群的牦牛……山涧流淌的是高山融雪，山坳呼啸的是侵肌寒风，“高寒缺氧”四字是对此地最言简意赅的概括。对适栖于温热环境的爬行动物来说，这片距离天空最近的土地是避之不及的生命禁区，而在拉萨城边，却有这么一种蛇顽强地生存于世界屋脊之上，这便是西藏温泉蛇（*Thermophis baileyi*）。

西藏温泉蛇通体呈灰褐色，体正背和体侧具黑褐色细纹，通常全长不过半米，无论拼颜值还是拼身材都难以在“蛇圈儿”里崭露头角。但这其貌不扬的细黑长虫却顶着“世界上分布海拔最高蛇类”的头衔，栖息地海拔一般在3000~4500米，最高纪录达5000米以上，如果把这个头衔改为“世界上分布海拔最高的爬行动物”应该也不会有什么科学性错误，毕竟在这个海拔段实在少有爬行动物生存。

身为变温动物，不能通过新陈代谢维持恒定的体温是其最大的劣势，身处“世界第三极”的西藏温泉蛇是靠什么提升体温以至于不被冻僵呢？谜底就在谜面上，答案就藏在它们的名字里——温泉。

西藏是中国地热活动最强烈的地区，地热蕴藏量居国内首位，丰富的地热资源不仅是大自然赋予人类的珍贵宝藏，也为温泉蛇及其他一些高原物种提供了赖以生存的栖身之所。青藏高原地热区所形成的“热岛效应”令周围地表温度高于同海拔环境，这种得天独厚的地理优势造就了这一世间少有的高原蛇种，也因此，它们的活动范围被限制于温泉附近，对它们来说温泉既像是绝境下的庇护所，又好似挣脱不出的牢笼。不过，温泉蛇也并非生活于温泉之中，它们主要栖息于温泉外缘多砾石的河滩，白天晒足太阳后即在河中捕食小型鱼类、蛙类，夜晚躲回砾石缝隙中休息。除了维系正常的生理活动外，温泉也关乎这些高原蛇类的繁衍，温泉附近土壤温度更为恒定，卵的发育受昼夜温差影响较小。

温泉蛇属目前已知3个物种，分别是西藏温泉蛇、四川温泉蛇（*T. zhaoermii*）和香格里拉温泉蛇（*T. shangrila*），它们的分布与分化与浩浩荡荡的喜马拉雅造山运动密切相关。大约在距今3500万年的始新世晚期，从冈瓦纳古陆分离来的印度板块与欧亚板块发生碰撞拼合，位于碰撞前沿的板块受到挤压发生褶皱、隆起，形成今天的喜马拉雅山脉及青藏高原。随着板块的抬升，一些生物被迫走上了高海拔生存的道路，绝大多数物种因不能适应环境变化而先后绝灭，留下如温泉蛇这样的奇特物种与大自然斗争至今。到了距今700万~800万年的中新世晚期，青藏高原进行最后一次抬升活动时又将3种温泉蛇的共同祖先分隔成数个独立的种群，逐渐演变为今天我们所见到的模样。

除了幸运地遇到温泉作为庇护所外，温泉蛇自身在适应高原生活上有何独到之处呢？不久前，科研人员对3种温泉蛇进行全基因组测序，并将所得序列与几种低海拔生存的蛇、蜥蜴进行比较基因组学分析，结果显示，3种温泉蛇与生活于低海拔的蛇、蜥蜴相比，在有关DNA修复和红细胞生成素表达的位

点均有突变，推测这些突变能令其在长期受紫外线照射下具有更强的稳定性以减少突变概率，血红蛋白浓度处于较低水平以适应高海拔缺氧环境。该研究首次揭示了温泉蛇高海拔环境适应的分子基础，也为人类预防和治疗高原病提供了新的思路。

在与大自然抗争千百万年后，温泉蛇又面临着新的生存挑战，这一次的危机来自于人类。近年来，随着西藏地热资源开发和旅游业的蓬勃发展，大大小小的地热电站和温泉度假村依温泉而建，大兴土木后，温泉蛇赖以维生的洞穴被铲车推平、石缝被水泥封死，甚至整个温泉都被修进室内以供人休闲。失去温泉庇护的温泉蛇，这次该何去何从呢？

@齐硕

水源附近的蛙类和蟾蜍是温泉蛇喜爱的食物

纲 爬行纲

目 有鳞目

科 游蛇科

属 锦蛇属

团花锦蛇

Elaphe davidi

我国北方蛇类资源丰富，但是与南方大部分地区相比，北方蛇类的多样性要低一些，但是在某些区域种群密度相对可观。在我国北方的蛇类中，团花锦蛇可以说是比较神秘和有趣的一种，在野外难得一见，有着很多有趣的生活习性。

团花锦蛇体型较为短粗，鳞片粗糙、缺乏光泽，背部的鳞片上还有明显的棱角，乍看上去，就像是一条有毒的蝮蛇，大多数锦蛇鳞片光滑、颜色鲜艳、身体细长，而团花锦蛇相貌比较奇特。团花锦蛇不仅长得像蝮蛇，在它们受到威胁的时候，还会把头部放平，张开两侧的上颞骨和方骨，使自己的头呈现三角形，看上去与蝮蛇更加相似。只不过，蝮蛇的瞳孔是竖线或枣核形的，眼睛和鼻孔之间有颊窝，而团花锦蛇的瞳孔是圆形，没有颊窝，通过这两点，可以轻易区分团花锦蛇和蝮蛇。

团花锦蛇的学名是“*Elaphe davidi*”。了解一些生物学命名常识的人可能会知道这是典型的以男性姓氏“David”来命名的。他的全名叫“Jean Pierre Armand David”，音译为“让·皮埃尔·阿尔芒·大卫”，并有一个中文名字“谭卫道”，他常被后人称作“大卫神父”。这位“大卫神父”是何方神圣？也许听起来大家有些陌生，可是如果说起“国宝”大熊猫，那想必无人不晓，大卫神父正是第一个发现大熊猫的西方人。

团花锦蛇的名字就是为了纪念大卫神父而得来，无独有偶，我们熟知的动物“四不像”麋鹿（*Elaphurus davidianus*）、红腹山雀（*Parus davidi*）、四川林鸮（*Strix davidi*），都是以大卫神父的名字来命名的。由此，大卫神父在博物学的影响之深远可见一斑。

团花锦蛇虽不像大熊猫那样珍稀和濒危，但在蛇类中也算是数量稀少、难得一见的。作为一个与蛇打了十几年交道的研究者，我在野外唯一一次见到团花锦蛇也只是驱车在乡下路上时，看到过一条横过马路的身影，倒是我的两个朋友曾经给我讲述过他们在野外与团花锦蛇“偶遇”的经历。

一次是2008年6月，他探险来到一处荒废的城墙，四周一片寂静，突然不远处传来一阵急促的鸟鸣声，他循声找去，发现在城墙缝隙中有一条褐色的蛇，半截身子露在外面，正是一条成年的团花锦蛇，它发现了一窝刚孵化的幼鸟，旁若无人地大快朵颐。短短几分钟，巢里的四只雏鸟就被风卷残云般地吃光了。

团花锦蛇的食性很杂，食谱中包括蜥蜴、鼠类、鸟类、鸟卵等，甚至还吃其他蛇类。它们似乎更加偏爱鸟蛋，所以有时也被人发现溜进农村的鸡窝里偷吃鸡蛋。团花锦蛇的动作算不上敏捷，也没有毒，它们似乎是“机会主义者”，遇到什么就吃什么。对于它们而言，鸟巢中的鸟卵和幼鸟毫无反抗能力，无疑是一份“得来全不费工夫”的餐食。因此，每年春季，鸟类抱窝的季节，就是比较容易在野外发现团花锦蛇的时候。

团花锦蛇吃鸟蛋的技术很娴熟，先是将鸟蛋整个吞下，当鸟蛋滑到颈部时，颈部轻轻一用力，随着一声脆响，鸟蛋的壳就碎了，原本鼓起来的颈部瞬间

团花锦蛇头很大，头背隆起，看上去很像是蝮蛇。但是，它们的瞳孔是圆的，且没有颊窝

就恢复原状，蛋液和挤碎的蛋壳一起流进消化道。经过2~3天的消化后，蛋壳会随粪便排出。

为什么团花锦蛇能够轻易将鸟蛋压碎呢？秘密在于颈部的骨骼结构。绝大多数蛇的颈椎下方有一排尖刺状的突起，称为“椎体下突”，而团花锦蛇的椎体下突末端有一个厚重的圆盘状突起，是专门用来压碎蛋壳的。

另一次邂逅团花锦蛇是2014年8月中旬，在辽宁西部的山区。在当地的牧羊人带领下，我的朋友来到一片向阳的山坡，在几块巨大的岩石之间发现了3条成体团花锦蛇，2条雄性和1条雌性，雌性的身体还围着8枚发育中的蛇蛋。

蛇类护卵行为并不罕见，后面文章中提到的眼镜王蛇就是个很好的例子。但是，绝大多数蛇类都是雌蛇单独护卵，很少有雄性参与，更何况两条不同的雄蛇一起护卵。这是“一妻多夫”，还是单纯的“利他行为”，抑或是几条不同的蛇偶然碰在一起，就有待日后用分子研究手段来证实了。

团花锦蛇主要分布于我国东北、华北和西北的一些省份。虽然分布范围比较广，但是实际上数量比较稀少，且呈现点状分布（仅集中分布在某些特定的区域）。所以，一旦固定的栖息地遭到破坏，就会给整个小种群带来毁灭性打击，开荒、毁林都是不折不扣的威胁团花锦蛇的行为。另外，团花锦蛇的生存一定程度上依赖于栖息地的鸟类，因此，不断减少的鸟类也使得团花锦蛇的种群处在衰退的危险当中。大自然的生态系统就是这样，一环紧扣一环，任何一个环节出现问题，都有可能“殃及池鱼”。因此，保护动物的根本也在于保护环境本身。

@史静耸

纲 爬行纲
目 有鳞目
科 游蛇科
属 玉斑蛇属

横斑锦蛇

Euprepiophis perlacea

在鲁迅先生的《从百草园到三味书屋》中，有一段“美女蛇”的传说。在现实生活中，“美女蛇”是玉斑锦蛇的俗称，因为它体色鲜艳，身上有大块菱形的花纹，其色彩艳丽程度在蛇类家族中是数一数二的。不过，我们今天要介绍的是玉斑锦蛇的近亲——横斑锦蛇，虽然横斑锦蛇的斑纹不像玉斑锦蛇那样醒目，但它们更为罕见、神秘。

起初，横斑锦蛇和玉斑锦蛇都被划入锦蛇属。后来，随着分子生物学研究技术的发展，科学家发现它们在基因层面与锦蛇属其他成员都有着较大的区别，从而将它们从锦蛇属中独立出来，成为一个新的属“*Euprepiophis*”，翻译成中文就是“玉斑蛇属”，意为“色彩艳丽的蛇”。玉斑蛇属一共包括

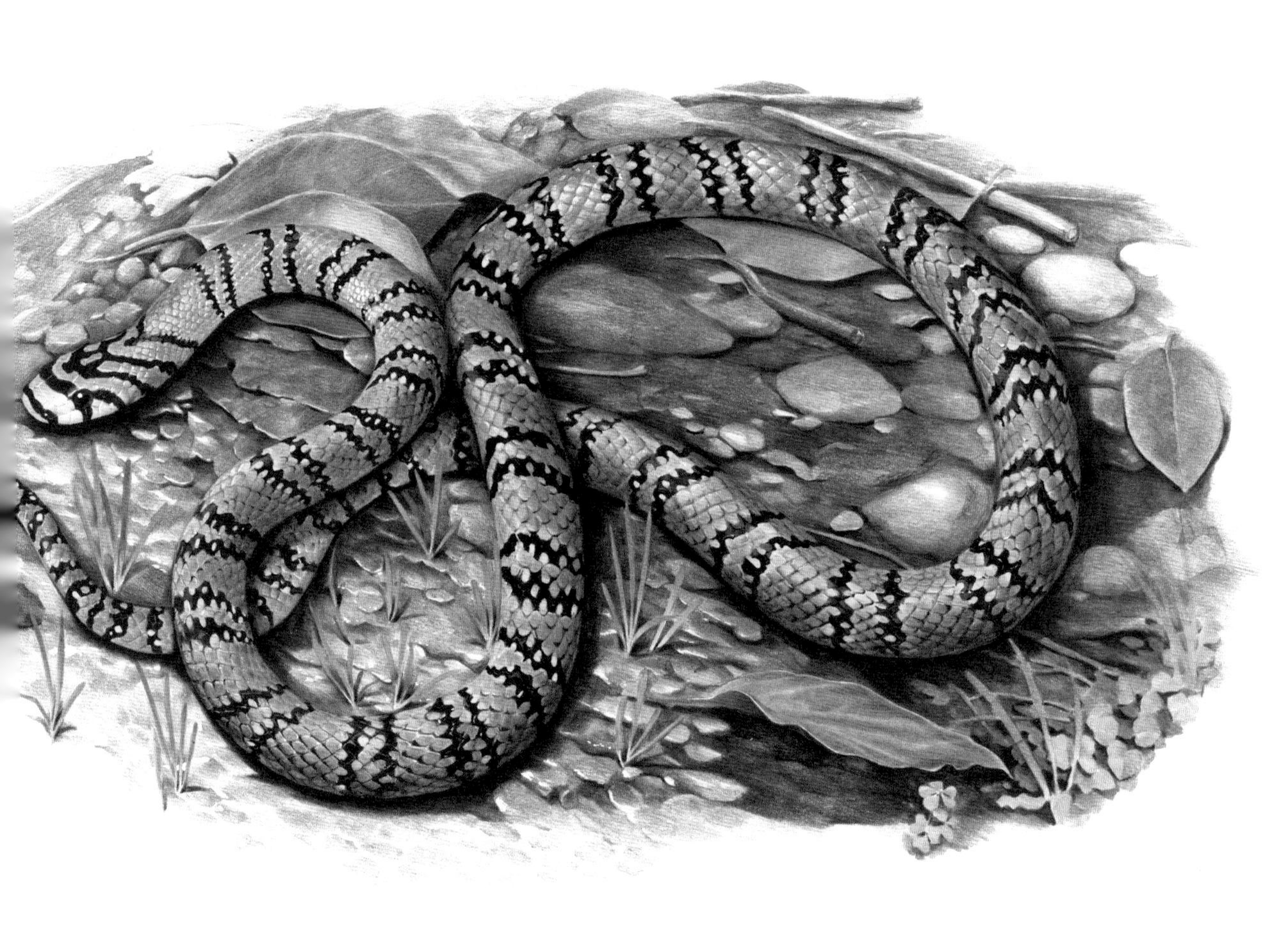

3种蛇，除了分布于中国的玉斑锦蛇和横斑锦蛇之外，还有另外一种日本玉斑蛇（*Euprepiophis conspicillata*），主要分布于日本。在中国，玉斑锦蛇被称为“美女蛇”，横斑锦蛇则被称为“雅女蛇”。听上去俨然一对“姊妹花”。当然，两者的外表也都配得上这美丽的名字：玉斑锦蛇背部中央有一行较大的菱形花纹，正中央为黄色，外围黑色，并镶以黄色边缘；而横斑锦蛇背部是较细的黑色横条纹或者斜条纹，条纹上镶嵌有珍珠一样的圆形小斑点。它的拉丁学名中，就有“珠链”的意思，所以横斑锦蛇有一个美丽的英文名“Pearl-banded ratsnake”。

刚出生的横斑锦蛇幼体与成体在外观上有很大的差别，幼蛇体背的横纹是醒目的浅黄色横条纹，宽度所占据身体的比例更大，前后夹有较细的黑色条纹，边缘光滑整齐，看起来更为鲜艳一些；相比之下，玉斑锦蛇幼体和成体在色斑上就没有特别明显的区别。

虽然横斑锦蛇外表光鲜亮丽，但它是一种胆小害羞的蛇，多在黄昏和凌晨时段活动。与玉斑蛇属其他成员一样，横斑锦蛇以地栖息为主，吻端喜欢在松软的土壤中打洞。它们经常钻进老鼠洞中，捕食刚出生不久的幼鼠——这对于它们来说是一份“得来全不费工夫”的美餐。

横斑锦蛇和它的近亲——玉斑锦蛇在体型、体色和生活习性方面都比较相似。横斑锦蛇除了体背的花纹与玉斑锦蛇不同之外，它们还有一个很有趣的特点，就是它们的头部背面有一个人形的花纹，沿头部中线对称，“躯干”刚好位于蛇头的正中央，“四肢”向头部的侧后方延伸，看上去非常像一个健壮的成年男子，这与横斑锦蛇胆怯害羞的性格、清新秀丽的形象很不配套。当然，这只是自然界中的一种巧合而已，毕竟在我们人类直立行走之前，蛇类和其他爬行动物早已经在地球上生存繁衍了千百万年。

相比在我国南方比较常见的玉斑锦蛇，横斑锦蛇就罕见得多，且横斑锦蛇主要分布在海拔2000米以上的山区。因此，国内现有的可供研究的标本资料非常少，自从1929年第一次被发现以来，科学家们采集到的标本寥寥无几，甚

至一度被人质疑有效性。直到最近几年，随着野外调查工作的推进，横斑锦蛇的踪迹才逐渐被发现。更特别的是，人们往往在大熊猫的栖息地发现它们的踪影，使得这种美丽的蛇类多了几分神秘色彩。由于大熊猫是我国重点保护的野生动物，它们的栖息地大多被很好地保护起来，这也在无形当中为横斑锦蛇这种珍稀的蛇类提供了一把“保护伞”。也许，基于分子层面的深入研究会有助于探究横斑锦蛇与大熊猫之间的“不解之缘”，进一步揭开横斑锦蛇的起源、演化的谜题。

最初，四川西部是横斑锦蛇唯一已知的分布区域。而它们“与大熊猫为邻”的这个特性，让研究者有了一个大胆的猜测：陕西秦岭山区既然是大熊猫的栖息地，那么有没有可能在秦岭发现横斑锦蛇的踪迹？果不其然，从2016年开始，有人先后几次在秦岭地区用相机拍下了横斑锦蛇的身影，从而证实了这一有趣的猜测。只不过，秦岭地区的横斑锦蛇体色偏黄，背部的横纹数量也普遍比四川的种群少一些。

@史静耸

横斑锦蛇

玉斑锦蛇

横斑锦蛇头背面有一个人形花纹，而玉斑锦蛇头背面是粗大的倒“V”形斑纹

纲 爬行纲

目 有鳞目

科 眼镜蛇科

属 眼镜王蛇属

眼镜王蛇

Ophiophagus hannah

说起眼镜王蛇，可能有的人会认为眼镜王蛇是眼镜蛇的一种。然而事实上，眼镜王蛇和眼镜蛇虽然名字只有一字之差，但两者却是同科不同属的成员：眼镜蛇科包括眼镜蛇属、环蛇属、珊瑚蛇属、眼镜王蛇属。其中我们平时所说的“眼镜蛇”一般是指眼镜蛇属（*Naja*），包含30多个不同的种，而眼镜王蛇则属于眼镜王蛇属（*Ophiophagus*），只包含眼镜王蛇这一种。想要解释眼镜王蛇和眼镜蛇的关系，不妨用虎和猫做个参考：眼镜王蛇和眼镜蛇都属于眼镜蛇科，就像虎和猫都属于猫科动物一样，虽然彼此有一定的亲缘关系，但是体型悬殊，生活习性也不尽相同。老虎捕食其他兽类，被称为“百兽之王”；眼镜王蛇体型庞大，性情凶猛，喜欢捕食其他蛇类，因此也被誉为“蛇中之王”。

虽然被称为“蛇中之王”，但是眼镜王蛇的额头上可没有像虎一样的“王”字的花纹，取而代之的是其鼓起颈部时，颈背上有一条宽大的倒“V”形花纹，这是它们最显著的鉴别特征。根据这个特征，也可以轻易区分眼镜王蛇和眼镜蛇——眼镜蛇颈背的纹路因种类而不同，有的是一个圆形的眼斑（孟加拉眼镜蛇），有的是像眼镜一样的斑纹（印度眼镜蛇和舟山眼镜蛇）。眼镜王蛇的体色一般为黄褐色、褐色、黑色等，躯干上一般都有数十个暗黄褐色的环形花纹。

眼镜王蛇广泛分布于东南亚地区，在我国主要分布于南方各省，在西藏墨脱也有发现其踪迹。不同地区的眼镜王蛇体色、斑纹差异较大，如我国广东所产眼镜王蛇偏黑色，云南的偏黄色，而马来西亚所产的个体成年后体表的环纹会褪去。但在分子上它们并没有较大程度的分化，这可能与眼镜王蛇极强的活动能力有关。

眼镜王蛇是世界上最长的毒蛇，成年体长可超过5米，蛇毒中含有强烈的神经毒素和血循毒素，而前者更为致命；成年眼镜王蛇个体甚大，袭击人畜时注射毒液的量也相对较大，因此，被眼镜王蛇咬伤后死亡率很高。但是，由于眼镜王蛇大多栖息在远离人烟的热带雨林中，所以在野外遇到眼镜王蛇的概率微乎其微。

眼镜王蛇一直以来被认为是中国境内最危险的蛇类，其实，单论其单位剂量毒性的话，眼镜王蛇并不是中国蛇类中毒性最强的，银环蛇一般被认为是中国陆生蛇类中单位剂量毒性最强的，一些海蛇也有很强的神经毒性。但是，眼镜王蛇个体甚大，因此排毒量也很大，且性情凶猛，攻击性比较强，综合各个方面评价的话，眼镜王蛇的危险性是国内首屈一指的。

直至今日，还有很多人没有摆脱“看头的形状来确定一条蛇是否有毒”的误区。像是眼镜王蛇和银环蛇所属的眼镜蛇科，它们的头部绝大多数都是椭圆形的，却是不折不扣的剧毒蛇。反之，无毒蛇中的颈棱蛇头部却是三角形的。还有一些锦蛇，例如白条锦蛇和团花锦蛇，它们在受惊的时候也会将下巴鼓起，将头部伸展成扁平的三角形，装成毒蛇的样子。因此，在野外遇到蛇，不能

VU

轻易通过外观就下结论，如果实在拿不准它是不是毒蛇，还是远远躲开为好。

虽然眼镜王蛇性情凶猛，却也有“温情”的一面。眼镜王蛇是为数不多的会看护后代的蛇类之一。蛇卵孵化需要一定的湿度，但又不能过度潮湿。在雨季，产在地表或地下的卵有可能会因雨水浸泡而导致胚胎窒息死亡，为了保证产下的卵更安全地孵化，雌蛇会在产卵前用身体将落叶聚拢在一起，堆砌成简易的巢穴，将卵产在巢穴上层湿度和温度相对稳定的地方，并一直守在巢穴处，直至幼蛇破壳而出。

刚孵化的眼镜王蛇幼蛇身体底色几乎为纯黑色，从头到尾都有醒目的淡黄色环形花纹，与成年的个体很不一样，唯一的共同点就是颈部的倒“V”形花纹。刚孵化的体长只有30~40厘米，虽然一出生就具有毒性，但是幼蛇非常脆弱，獴、巨蜥、鸟类或是其他蛇类都会捕食眼镜王蛇幼蛇。

眼镜王蛇成年之后，在野外几乎没有天敌，它们最大的天敌就是人类。虽然眼镜王蛇野外种群数量比较可观，但由于人为捕杀、环境破坏等因素，眼镜王蛇的野外种群一直处于威胁中。

@史静耸

眼镜王蛇最显著的特点、在于其颈背侧的倒“V”形斑纹

纲 爬行纲

目 有鳞目

科 蝰科

属 亚洲蝮属

红斑高山蝮

Gloydius rubromaculatus

在青藏高原腹地，有一处神奇的土地，这里是长江、黄河和澜沧江的源头，因而得名“三江源”。在这片三江并流的土地上，壮美和清秀并存。这里有蜿蜒游走的小溪，也有奔腾不息的通天河，有险峻的石壁山峰，也有绵延不断的草甸和花海，这里是雪豹、岩羊、藏狐、高山兀鹫等珍稀飞禽走兽的家园——三江源地区，野兽比人更容易见到，素有“中国版非洲大陆”之盛誉。三江源地区，以她独特的地理位置和生态环境，孕育着无数的高山生灵，一直以来被视为青藏高原生物多样性研究和生态学研究的宝地，她不断地给前来探访的科学家带来惊喜。

2016年，我跟随中国科学院古脊椎动物与古人类研究所的研究团队在青海三江源进行野外科考，在海拔4000米以上的地方，偶遇了一种通体具有深

红色圆斑的奇异蝮蛇，经过形态和分子等方面的比对，最终证实这是一个从未被描述和报道过的新物种，命名为红斑高山蝮（*Gloydius rubromaculatus*）。

说起蝮蛇，这是一类常见的小型剧毒蛇，分布广泛，适应能力强，不论是森林、草原，还是荒漠、海岛都能够发现它们的身影。在中国有十几种不同的蝮蛇，它们大多数都长着一副相似的模样——短粗的体型、三角形的头、土褐色粗糙无光的皮肤，看起来并不起眼。这样的体色也有助于它们融合在生活环境中，不容易被天敌和猎物发现。蝮蛇虽小，却是“武装到牙齿”的捕食者，它们具备管状毒牙，可以向对手体内注射致命的毒液，眼睛和鼻子之间还有一对称为“颊窝”的感觉器官，可以探测小型温血动物辐射出来的红外线，锁定猎物，所以，蝮蛇在千百万年的生物演化历程中得以存活至今。

但是，红斑高山蝮的出现则完全颠覆了人们对蝮蛇的认识。要不是它在我的手套上咬下一口，露出毒牙，我简直不相信它是一条蝮蛇，倒像是条色彩艳丽的锦蛇。

与蝮蛇家族的其他成员相比，红斑高山蝮确实有诸多与众不同之处，甚至可以说，它从头到尾都不像是一条蝮蛇。蝮蛇的头部从背面看一般都是三角形的，而红斑高山蝮是卵圆形的，头部鳞片上布满大小不一、形状不规则的黑斑点，是名副其实的“麻子脸”，但这并没有给它的“颜值”打折扣，因为它们的体色堪称惊艳。大多数蝮蛇的体色灰暗，身上的斑纹多为黑色或深褐色，而红斑高山蝮背部布满了大而圆的鲜红色斑块，沿脊背中线分为两列，看上去绚丽夺目。除此之外，红斑高山蝮的毒牙很短小，只有一般蝮蛇三分之二的长度，但毒性却十分厉害，经过提纯和分析，发现红斑高山蝮的蛇毒中细胞毒素的含量远远高于其他蝮蛇。

红斑高山蝮栖息在海拔4000多米的高山草甸、河谷中，创下了中国毒蛇栖息地最高海拔纪录。那么，生活在海拔这么高的地方，它们究竟吃什么呢？说来也巧，有一天研究人员发现了一条红斑高山蝮，肚子吃得鼓鼓的，大概由于拍照时受到惊吓，这条蝮蛇把刚吞下不久的蛾子吐了出来。凭这个细节，我们确认，红斑高山蝮在野外是直接捕食蛾子的。值得庆幸的是，这只蛾子的DNA被完整地提取了出来，研究人员经过测序，鉴定出这只蛾子为寡夜蛾属的某一种。

蛇吃蛾子，这实在是意料之外，但也在情理之中，毕竟在海拔这么高的地方，为了生存，食性发生一些改变是很正常的。在人工饲养中，这些蝮蛇依然会捕食老鼠。不过，红斑高山蝮究竟是怎样捉到会飞的蛾子的？为什么它们只吃蛾子，却不吃蝗虫等其他昆虫？这些问题目前还不得而知。

红斑高山蝮独特的栖息环境也注定了它们分布的区域十分狭窄。目前仅被发现分布于青海玉树藏族自治州，以及临近的四川石渠县、西藏江达县等地，数量稀少。幸运的是，红斑高山蝮生活的区域地广人稀，生态环境保护得很好，更加难能可贵的是，当地藏族同胞对生灵十分敬重和爱护。然而，对于一个物种的保护而言，局域性的信仰固然重要，但更需要的是在全社会的范围内培养对珍稀、濒危物种的保护意识。

新种红斑高山蝮的发现，使得三江源地区原本稀缺的两栖爬行动物资源又增加了一种，为中国丰富的生物多样性增加了浓重的一笔，同时也让世界从此多认识了一种美丽而神秘的毒蛇。红斑高山蝮独特的生活环境和生活习性，为今后爬行动物适应高原环境的研究提出了很多有待深入研究的课题。

@史静耸

红斑高山蝮的食性非常独特，它们在野外很喜欢吃夜蛾科的蛾子

纲　爬行纲

目　有鳞目

科　蝰科

属　原矛头蝮属

莽山原矛头蝮

Protobothrops mangshanensis

莽山自然保护区位于湖南省郴州市宜章县南部，这里重峦叠嶂，崇山峻岭，也是瑶族同胞祖祖辈辈居住的地方。相传，他们的祖辈是伏羲、女娲两兄妹所诞下的后代，与之一同出世的还有一条青绿色的小蛇，唤名“小青龙”。此后，“小青龙”就被瑶族同胞视为兄弟、奉为部族图腾一直沿袭至今。虽然传说流传甚广，但却少有人亲眼目睹过这神秘的“小青龙”，当地瑶族也不愿这同族兄弟被人打扰，对外族人一直三缄其口。直到1989年，一位当地蛇医将两条长相奇怪的青色幼蛇交由时任中国科学院成都生物研究所研究员的赵尔宓院士进行研究，经过仔细鉴定，确定其是一个尚未被发现的新蛇种，并于次年将其命名为“莽山烙铁头蛇”，这才揭开了神秘的莽山“小青龙”神秘的面纱。

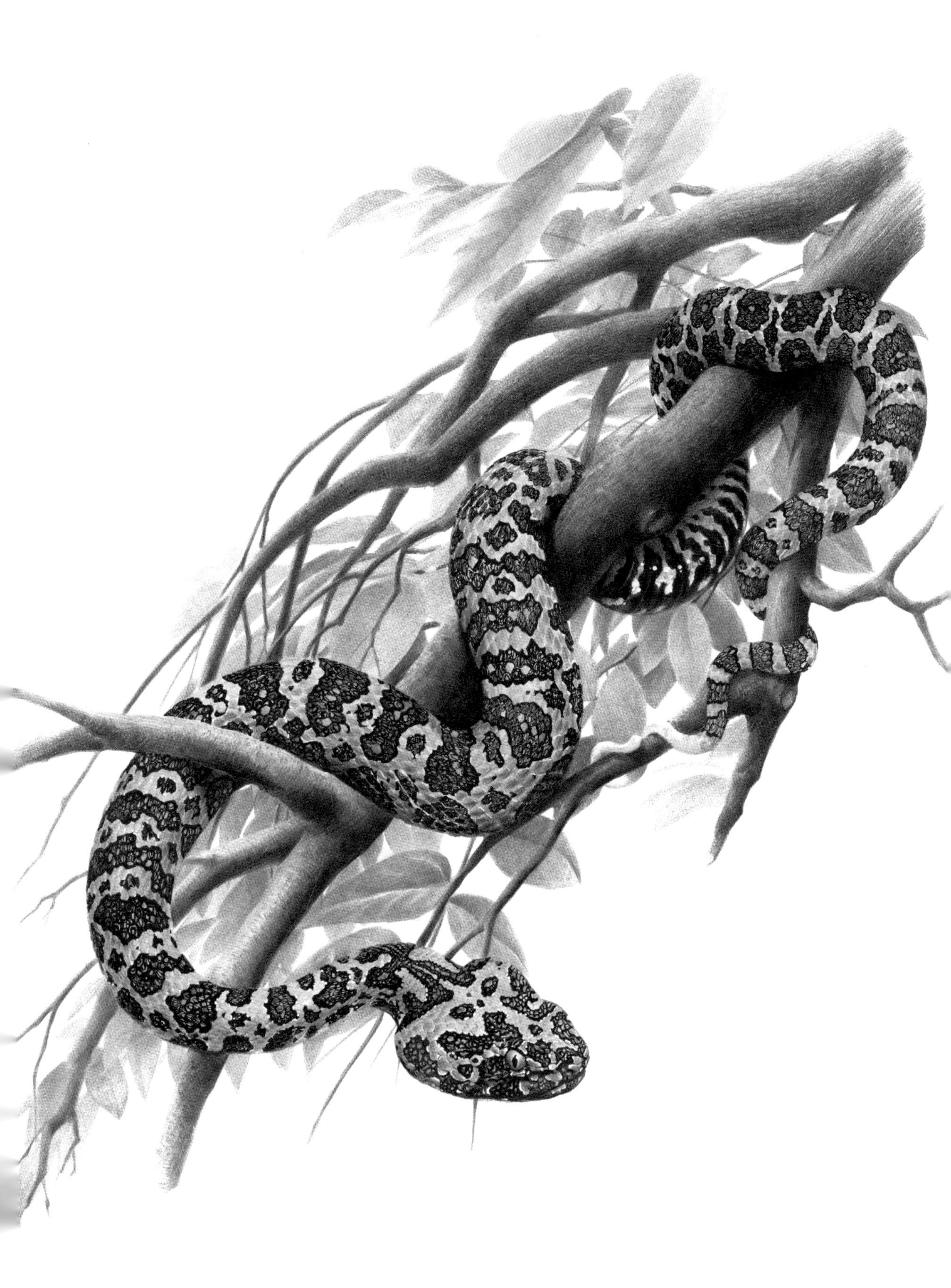

体型庞大，通体绿色，头部及背部有交错的灰褐色迷彩花纹，尾巴呈明显的白色，这些特征都明显区别于烙铁头蛇属的其他物种。1993年，我国学者张服基根据头骨解剖特征将莽山烙铁头蛇单独列入一个新属——莽山烙铁头属，并以赵尔宓研究员的名字命名为“*Ermia*”。但不巧的是，该属名已被一类产自东非的直翅目昆虫先占，遂将属名变更为“*Zhaoermia*”。但至此关于该蛇分类归属的问题还没有完全解决，接下来的研究表明，“莽山烙铁头”与原矛头蝮属的成员并没有显著的差异，所以最终将它归入了原矛头蝮属，中文名随之变更为莽山原矛头蝮。

莽山原矛头蝮是原矛头蝮属成员中的“巨人”，成年莽山原矛头蝮体长往往超过2米，头部宽扁、体型粗壮，成体体重往往超过4千克，这与原矛头蝮属其他蛇类纤细的身形和狭长的头部形成了强烈的反差。这种奇异的蛇类目前仅知分布于湖南宜章莽山及广东韶关南岭地区的原始森林中。

莽山原矛头蝮的毒液以血循毒为主，由于其体型较大，毒牙长而粗壮，所排出的毒液甚多，注毒又深，所以咬伤往往会带来比较严重的肌肉组织坏死和血液循环系统的损害，是当地最危险的几种毒蛇之一。然而，成年莽山原矛头蝮性情慵懒，常常盘伏于一处后许久都不活动，加之数量稀少，因而极少出现被此种蛇咬伤的情况。

体型庞大、体色艳丽、数量稀少，集这三个特点为一身的莽山原矛头蝮在媒体的推动下引起了社会的广泛关注，在铺天盖地的报道和宣传下，它的名号很快便响彻大江南北，更是获得了“蛇中熊猫”的称号，其国际知名度与大鲵、扬子鳄、斑鳖等明星物种不相上下。然而，这种“举世瞩目”，对于莽山原矛头蝮本身来说，可不全是好事。由于一些不负责任的媒体、个人夸大宣传其市场价值和稀有程度，使得盗猎者争相把黑手伸向这种美丽而剧毒的蛇类，一向被视为“国宝”的莽山原矛头蝮在发现后的数年内，竟也出现在了国外的一些动物园或者私人饲养者手中。由于莽山原矛头蝮大多栖息在地广人稀的深山中，对盗猎行为的防范和打击，存在比较大的难度。我们不能只关注它们的美丽，

宣传它们的价值，却忽略对它们的保护。毕竟，对于一个物种而言，保护的步伐一定不能落后于宣传的步伐，否则就可能给这个物种的野外种群带来不可挽回的损失。

@史静耸

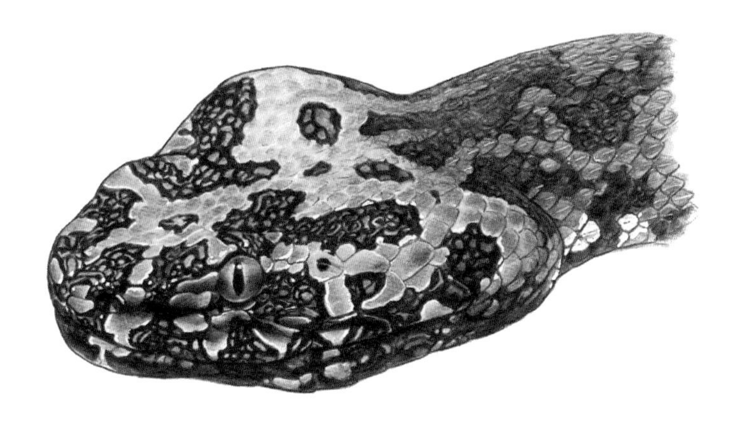

莽山原矛头蝮的头部大而扁平，曾一度被称为莽山烙铁头蛇

青鸟 {新知·新觉}

交融人与自然的情感